高橋雅明 著
田中裕久 シナリオ制作
森脇かみん 作画

マンガで
やさしくわかる
プログラミングの基本
Programming

日本能率協会マネジメントセンター

はじめに

　プログラミングの世界にようこそ！
　本書はこれからプログラミングを学ぶ人のための入門書です。「プログラミング」と聞くと、難しいイメージを持つかもしれません。しかし本書はプログラミングをまったく知らない人でも理解できるように解説しています。
　本書の構成は次のとおりです。

序　章　プログラミングとは
第1章　コンピュータができること
第2章　プログラミングの準備と基礎知識
第3章　プログラムの動きとつくる手順を考えよう
第4章　プログラミングをしよう
第5章　プログラミングとプログラマ

　本書では、実際に再現できるプログラミングを行いますが、読み進めるうちに自然とステップアップしてプログラミングが理解できるようになります。
　第1章と第2章では、コンピュータの基本と、コンピュータの中でどのようにプログラムが動くのかを紹介します。
　第3章と第4章では、実際にプログラミングに挑戦します。第3章ではプログラムの動きを考えます。第4章ではExcel VBAを使って紙面上でプログラミングを行います。プログラムの誤りも修正して完成させ、最後に使い勝手を改善します。
　第5章では、本書でプログラミングを学んだ後の次のステップの知識となるようなプログラムやプログラマの世界をご紹介します。
　プログラミングがごく一部の人のものだったのは過去の話です。今では誰もが思いどおりのプログラムを気軽につくれるようになりました。プログラミングがあなたの想いを形にできる便利な手段になったことを、ぜひ体験してください。
　それでは、プログラミングの世界に足を踏み入れてみましょう！

　　　　　　　　　　　　　　　　　　　　　　　　　　　　高橋雅明

マンガでやさしくわかる プログラミングの基本 目次

はじめに ……………………………………………………………………… 3
本書のご利用にあたってのご注意 ………………………………………… 9

序章　プログラミングとは

Story0　エニアとの出会い ……………………………………………… 12
01 ■ 私たちの暮らしとプログラミング …………………………………… 32
COLUMN 1　はじめてのプログラミングの"仕事" ……………………… 36

第1章　コンピュータができること

Story1　こんなところにコンピュータ!? ………………………………… 38
01 ■ そもそもコンピュータとは ………………………………………… 58
02 ■ コンピュータの5大装置 …………………………………………… 62
03 ■ コンピュータを動かす言葉とは …………………………………… 66

> こんなので
> プログラミングが
> わかるの？

> もちろん！
> これも立派な
> コンピューターですよ
>
> 電卓には
> コンピュータの
> 5大装置が
> 備わっています

第 2 章　プログラミングの準備と基礎知識

- **Story2　プログラミングは街で学べ!?** ………………………… 72
- 01 ■ やりたいことから言語を選ぶ…………………………………… 92
- 02 ■ 動かす場所から言語を選ぶ…………………………………… 93
- 03 ■ 「つくりやすさ」から言語を検討する ……………………… 96
- **COLUMN 2** プログラミング言語の変わり種!? ……………………… 97
- 04 ■ コンピュータを動かすためには？ ………………………… 98
- 05 ■ プログラミングする環境を用意しよう ………………… 103
- 06 　 プログラムはどのようにできているのか ………………… 107
- **COLUMN 3** あえてフローチャートを手書きする理由 ……………… 114

第3章　プログラムの動きとつくる手順を考えよう

Story 3　どうして動かないの!? …………………………… 116
01 ■ プログラミングのための段取り ………………………… 128
02 ■ 準備①「実現すること」を決める ……………………… 131
03 ■ 準備②「プログラムの外観」を決める ………………… 136
04 ■ 準備③「プログラムの内観」を決める ………………… 146

第4章　プログラミングをしよう

Story 4　マイミ、エニアの最後の生徒になる ……………… 156

Ⅰ プログラミングに挑戦しよう
01 ■ 統合開発環境とプログラミングの流れ ………………… 165
02 ■ 簡易電卓をプログラミングしよう ……………………… 167
03 ■ 入力処理をプログラミングする① ……………………… 170
04 ■ 入力処理をプログラミングする② ……………………… 178
05 ■ 入力処理をプログラミングする③ ……………………… 182
06 ■ 四則演算をプログラミングする ………………………… 183
07 ■ 計算結果を表示させるプログラミングをする ………… 192

COLUMN 4 こんなに便利！ExcelVBA …………………… 195

II プログラムの動きを確かめよう

- **08** ■ VBEでデバッグしよう ……………………………………………… 199
- **09** ■ 「プログラムの内観」をデバッグする …………………………… 202
- **10** ■ 「プログラムの外観」をデバッグする …………………………… 212
- **11** ■ 「実現すること」が実現されたかを確かめる …………………… 226
- **COLUMN 5** 大ピンチ！デバッグミスで紙の山 ……………………… 227

III プログラムをメンテナンスしよう

- **12** ■ プログラム作成シートを修正する ………………………………… 231
- **13** ■ プログラムをメンテナンスする …………………………………… 236
- **14** ■ メンテナンスしたプログラムをデバッグする …………………… 243
- **COLUMN 6** バグの原因探しが一番たいへん！ …………………… 248

第5章 プログラミングとプログラマ

- Story5 さよならエニア ······ 250
- **01** ■ プログラミングにまつわる仕事 ······ 266
- **02** ■ プログラムづくりのおもな流れ ······ 270
- **03** ■ プログラマとしてステップアップするために ······ 274
- **COLUMN 7** プログラミングはこれからどうなる？ ······ 277

- Epirogue 「教わる人」から「教える人」に

おわりに ······ 282
索引 ······ 284

> **必ずお読みください**
> 本書のご利用にあたってのご注意

　本書はプログラミングの方法を初心者向けにわかりやすく解説した入門書です。初心者が理解しやすいように、一部の言葉や表現についてはプログラミングの開発現場とは異なる言い換えを行う場合があります。

　本書の解説に使うプログラミングの環境は、Microsoft社のWindows版Microsoft Excel 2016を使用しています。同じExcelであってもOSやバージョン、設定などの違いで操作画面や動作が異なる場合があります。

　本書に掲載された情報は執筆時点の情報です。また、本書は情報提供のみを目的としており、内容やサポートを保証するものではありません。掲載内容の運用結果については著者および出版社は責任を負いませんので、あらかじめご承諾の上でご利用をお願いいたします。

○日本能率協会マネジメントセンター 出版情報ページ

　http://www.jmam.co.jp/pub/

　（書籍情報の本書紹介ページからサポート情報をご確認ください）

本書サンプルファイルのダウンロードについて

　弊社ダウンロードサービスのページから本書で紹介した以下のサンプルファイルをダウンロードできます。

　ぜひ学習や今後のプログラミングにお役立てください。

・プログラム作成シート
・簡易電卓マクロ

○ダウンロードURL

　http://www.jmam.co.jp/pub/5938.html

・序章・

プログラミングとは

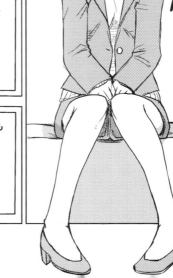

01 私たちの暮らしとプログラミング

身の周りのさまざまなコンピュータ

　コンピュータを動かすために必要なプログラムを作成することを「プログラミング」と呼びます。プログラミングは、かつて「プログラマ」という専門家だけが行うものと考えられていました。

　しかし、たくさんのコンピュータが登場して普及すると、プログラミングの知識や考え方が、さまざまな業務に役立ち、応用できるようになりました。このような状況は、コンピュータが社会のすみずみまで浸透したからこそといえます。

　スマートフォンやタブレットなどの小さなコンピュータ端末には、ゲームや地図、インターネットブラウザやカメラなど、たくさんの「アプリ（アプリケーション）」と呼ばれるプログラムが用意されています。

　これらのアプリを使うには、画面に表示された「アイコン」を指でポンとタッチします。この操作を「タップ」といいます。昔のパソコンは、アプリの起動に呪文のようなキー入力をする必要がありました。それが今では、子どもでもできるほど簡単になりました。

　タップによるアプリの起動は、「アイコンをタップ動作してアプリを起動する」という命令をあらかじめプログラミングすることで実現されています。アプリ操作が指先ひとつで便利に行えるようになったのは、このようなプログラミングの積み重ねのおかげです。私たちがふだん何気なく使っているコンピュータは、たくさんのプログラムによって動いているのです。

世界中でプログラミングが注目されている！

　コンピュータやプログラムは、なるべく簡単に操作できるように考えてつくられています。その一方で、コンピュータをより上手に使うためには、意識的、または無意識のうちに、プログラムのしくみにしたがって操作する必要があります。

　そのような考えもあって、世界各国でプログラミングへの注目が高まり、日本でもプログラミング教育に力を入れる動きが出てきました。

　日本では2012年に学習指導要領が新しくなり、中学校の技術・家庭科の授業でプログラミングが必修になりました。この授業で生徒は、「Scratch」（https://scratch.mit.edu/）という子ども向けのプログラミング言語や、スマートフォンやタブレットで実際に動作するアプリの開発などを学びます。

もし、仕事でプログラミングの知識を求められたら？

　ビジネスの世界でもプログラミングの知識やスキルを求められる機会が増えています。たとえば、多くの会社にはコンピュータシステムがあり、さまざまな業務に使われています。

　「システム」とは、ある目的のためにたくさんのプログラムを組み合わせた一定のまとまりのことです。システムの開発は多くの企業内で「情報システム部門」と呼ばれる部署や、外部のシステム開発会社などが行います。

　そこでは、会社全体の大きなシステム開発だけではなく、それぞれの部署やチームの業務を効率的に進めるために比較的小さなシステムやプログラムをつくることもあります。

　また、小さな会社では、メールの設定からシステム開発までなんでも1人で行い、さらに他の業務を兼任するシステム担当者もいます。

　本当に業務に役に立つシステムをつくろうとするならば、システムやプログラムの規模に関係なく、日々の業務をよく知る担当者の要望や考えを取り

入れなければなりません。このため、プログラミングの知識がない現場の業務担当者もシステム開発に参加することが求められています。

　この時、業務担当者側にもプログラミングの基礎的な知識があると、システム開発担当者とのコミュニケーションがスムーズになりますし、より良いシステムを生み出す可能性が高まります。

　たとえば、あなたの部署やチームで業務用プログラムやシステムをつくる話が出たとします。そのような場面で、もしあなたにプログラミングの知識があればどうでしょうか？

　あなたの部署やチームは、システム部門との橋渡し役として、あなたに新たな価値を見出すかもしれません。またあなた自身が自分でプログラムをつくることができれば、貴重な人材として重宝されることでしょう。そこから、あなた自身の可能性を引き出すビジネスチャンスが生まれるかもしれません。

「食わず嫌い」は損

　もしあなたが、「コンピュータが苦手！」「プログラミングなんて絶対無理！」と、はじめから何もせずにあきらめてしまったらどうでしょう？

　現代社会では、誰もがパソコンやスマートフォンを使っています。パソコンとは縁遠そうな工事現場やお弁当屋さんなどでも、システムの活用は珍しくありません。業務連絡はもちろん、在庫や売り上げデータなどの管理に欠かせないものになっています。

　システムやプログラムは仕事の道具にすぎませんが、たとえば「私はパソコンを覚えるのが面倒です」「そのアプリは使いたくありません」などと、最初から食わず嫌いの態度をとったらどうでしょう。仕事ができない人、向上心がない人などと思われてしまうかもしれません。コンピュータは、すでにそれくらい社会に浸透しているのです。

　初歩的なプログラミングの知識を知らないだけで、開発現場に大きな混乱を与える場合もあります。

たとえば、建物の建築途中で「『ちょっと』コンセントを増設してほしい」という要求と、「『ちょっと』もう1階増やしてほしい」という要求とではまったく異なるのは誰でも理解できます。システム開発でも、「ひとつ機能を増やしてほしい」という要求がすべてのやり直しになりかねません。

　しかし、このような混乱は、プログラミングの初歩的な知識を知っておけば避けられますし、プログラミングの初歩を学ぶことは難しくありません。

　プログラミングやシステム開発の場面でビジネスパーソンに求められるのはプログラミングの知識の深さではありません。あくまでも本来の業務知識が主で、プログラミングの知識は従です。建築家が細部の施工技術を持っていなくても、何が行われるのかを知っていればきちんと家が建つのと同じです。私たちは開発者と同等の技術を持つ必要はなく、ものづくりのコミュニケーションに役立つ知識があれば、より良いプログラムができるのです。

プログラミングは面白い！
誰でも簡単に取り組むことができる！

　プログラミングについて初心者はとても難しいイメージを持っているかもしれません。もちろん、実際の開発現場での難しさも筆者は否定しません。しかし、プログラミングはごく一部の技術者だけのものではなく、誰もが簡単に取り組めるものです。

　本書ではプログラミングの未経験者でも理解しやすいように、なるべくわかりやすい言葉を使います。順を追ってひとつひとつ階段を上るように解説しますので、楽しみながらプログラミングの初歩を学んでください。

　どんなに小さなプログラムでも、自分でプログラミングしたプログラムが思うように動いた時は、嬉しいものです。それこそがプログラミングの醍醐味です。

　筆者は、プログラミングの楽しさや、面白さを読者のみなさんにもぜひ知ってほしい！　と心から願っています。

　さあ、マイミと一緒にプログラミングの世界に飛び込んでみましょう！

COLUMN 1　はじめてのプログラミングの"仕事"

　時間をかけて難しいプログラムをつくり上げ、それが社会のシステムの一部として動き、たくさんの人がそのシステムの恩恵に享受する……。学生の頃の私は、そんな仕事に就くことを夢見ていました。

　こうしてプログラマという職業に憧れを抱いていた私が社会人になってはじめて働いたのは、あるシステム開発会社でした。私はこの会社で自分の夢が実現できると期待に胸を膨らませていました。

　しかし、入社した私を待ち受けていたのはプログラミングの仕事ではなく、できあがったシステムの維持や管理といった仕事でした。もちろんプログラミングの仕事をさせてもらうこともありません。

　それでも、就職してはじめての仕事ですから、最初のうちは、プログラミングでなくても自分にやれることを精いっぱいやろうと仕事に取り組みました。ところが、それが1年、2年と経ち仕事にも慣れてくると、次第にプログラミングへの想いが強くなり、思い悩む日が続くようになりました。

　そんなある時、私の様子を見かねた上司が、私に1つのプログラミングの仕事を与えてくれたのです。

　私は待ち望んでいた仕事を任され、それこそ、「水を得た魚」のように夢中で取り組みました。今にして思えば、半日もあればできる簡単なプログラミングだったのですが、1週間もかかってようやくプログラムが完成しました。真っ先に上司に報告に行くと、彼は「おっ！やっとできたか。これで仕事が楽になるよ、ありがとう」と笑顔で労ってくれました。

　その言葉を聞いた時、自分のプログラムが誰かの役に立つのだと、心から嬉しかったのを覚えています。その時の言葉は、今でも忘れられない大切な思い出になっています。

第 **1** 章

コンピュータができること

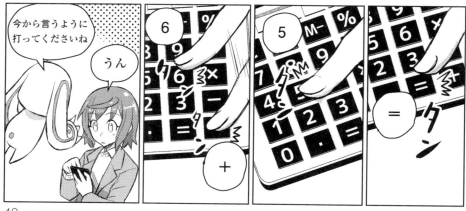

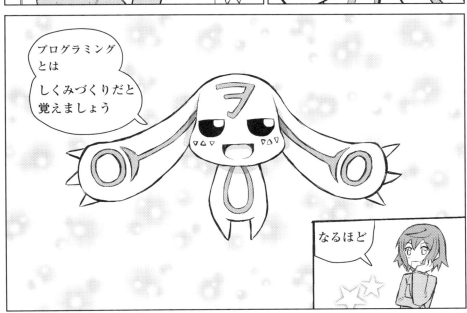

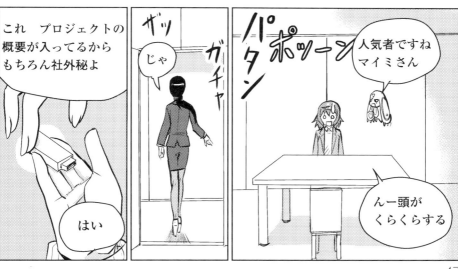

01 そもそも
コンピュータとは

🔲 電卓を使ってコンピュータを考えよう

　プログラミングの前に、まずはコンピュータの話をします。
　そもそも、「コンピュータ」とは何でしょうか？
　簡単にコンピュータを説明すると、「高性能な計算機」になります。
　身近な計算機というと電卓がありますね。実際、電卓も「足す・引く・掛ける・割る」といった四則演算をする立派なコンピュータです。電卓の動きを見ながら、コンピュータとはどのようなものかを一緒に考えてみましょう。

　まずは簡単な計算式「6＋5」を用意して、電卓で計算します。
　「6＋5」の足し算ですから、まずは電卓のボタンを、

［6］→［＋］→［5］

と、順番に押します。そして最後に［＝］ボタンを押します。
　すると、電卓は計算式を計算して、「11」という計算結果を画面に表示します。
　ここまでで、電卓は次の仕事をしました。

電卓の仕事①「ボタンから計算式が打ち込まれる」（入力）
電卓の仕事②「入力された計算式を内部に覚えておく」（記憶）
電卓の仕事③「計算式の答えを考える」（演算）

電卓の仕事④「計算式の答えを液晶画面に表示する」(出力)

電卓には、まず情報が「入力」されます。
その情報を「記憶」し、次に、記憶した情報を「演算」します(この演算とは計算処理のことです)。
そして最後に、演算の結果を「出力」します。
これが、電卓が計算結果を表示するまでの流れです。この電卓のように、

「入力」→「記憶」→「演算」→「出力」

という一連の流れをまとめて行う機械を、総称して「コンピュータ」と呼びます。

身の回りのコンピュータ

コンピュータの歴史は古く、紀元前2世紀にはすでに歯車を動力とする計算機があったそうです。この計算機は天体の動きを計算するためにつくられ、「アンティキティラ島の機械」と呼ばれています。

17世紀になると電卓のような計算を行えるコンピュータがいくつも登場しました。「シッカートの計算機」「パスカルの計算機」「ライプニッツの計算機」など、これらのコンピュータは「機械式計算機」と呼ばれています。

そして20世紀に入り、1946年にアメリカで「ENIAC」(エニアック)というコンピュータが登場しました。これは現在のコンピュータの原型になります。ENIACは電球に似た真空管を2万本近くも使った非常に巨大な計算機で、設置には60畳分もの広さを必要としました。

1970年代になると、現在のパソコンの原型になる「ALTAIR 8800」や「Apple Ⅰ」などのコンピュータがアメリカで登場。日本では「TK-80」というコンピュータが生まれました。パソコンは「パーソナルコンピュータ」の略で、個人が扱う小型のコンピュータのことをいいます。

コンピュータは私たちの仕事や生活に役立つ便利な道具として発達してき

ました。そして現在、さらに進化した多種多様なコンピュータが存在しています。

それでは、現在のコンピュータはどのような存在なのでしょうか？

コンピュータの代名詞となるデスクトップ型やノート型のパソコン以外に、スマートフォンやタブレット端末といったスマートデバイスがあります。

テレビやエアコン、オーディオ、冷蔵庫、電子レンジ、炊飯器、洗濯機といった身の回りの家電製品にもコンピュータが組み込まれていて、それぞれの機械をコントロールしています。さらに自動車、電車、飛行機などの乗り物や自動販売機、自動改札、電光掲示板、信号機など、社会生活に不可欠な機械にもコンピュータが組み込まれています。

コンピュータを動かす「しくみ」がプログラム

このように、コンピュータは社会のあらゆる場所に存在しています。

しかし、これらの機械が物体として存在するだけでは、ただの箱にすぎず何もできません。

たとえば電卓では、［6］［＋］［5］というキー入力の情報があると同時に、「6」→「＋」→「5」という入力された順番も記録されないと、正しい順番で計算ができなくなります。つまり、入力された数字や記号を正しく記憶する「しくみ」が必要なのです。

［＝］ボタンを押すと、記憶された「6＋5」を計算する「しくみ」も必要です。そして同時に、計算結果である「11」を液晶画面に表示させる「しくみ」もなければ、電卓は答えを表示できません。

このような電卓やコンピュータという機械になんらかの動きをさせる「しくみ」がプログラムです。プログラムは、「ソフトウェア」「モジュール」「アプリケーション」などの名前で呼ばれることがあります。これらに厳密な区分けはなく、言葉を使う人の立場や場面によって呼び方が変わります。

そこで本書では混乱を避けるために、用語を右のように使います。

第 1 章 ▶ コンピュータができること

本書のプログラム関連の用語の使い方

・「プログラム」と「ソフトウェア」

　プログラムとソフトウェアはほとんど同じ意味で使われることが多いため、本書では「プログラム」で統一します（ソフトウェアは「ソフト」と略されることもあります）。

・「アプリケーション」

　OS上で動くプログラムです。「アプリ」ともいいます。OSについては後の章で説明します。

02 コンピュータの5大装置

5大装置に命令を与えると……

　プログラムを使うと、コンピュータではどんな動きをするのでしょうか？
　コンピュータには、先ほどの電卓の仕事に出てきた「入力」「記憶」「演算」「出力」の4つの動きに対応したコンピュータの部品があり、そのほかに、全体を「制御」(コントロール)する部品があります。
　これらの「入力・記憶・演算・出力・制御」を行うコンピュータの部品を、「コンピュータの5大装置」と呼びます。プログラミングを行うと、最終的にこれらの5大装置になんらかの命令を与えることになります。
　コンピュータの5大装置をもう少し詳しく解説しましょう。

コンピュータの5大装置①「入力装置」
　入力装置とは、コンピュータに情報を入力する部品のことです。
　代表的なものは、電卓のボタンやパソコンのキーボードです。
　マウスやタッチパネルも入力装置です。マウスで矢印(カーソル)を動かしたり、タッチ画面でタップしたりします。クリックやタップの回数、長押しなどの操作によって、コンピュータへ情報を入力することができます。
　そのほかの入力装置には、コンピュータに画像を読み込むカメラやスキャナ、音声を入力するマイクや、バーコード読み取り装置などがあります。

コンピュータの5大装置② 「出力装置」

　出力装置は、コンピュータに何か仕事をさせた後、その結果を人間にわかるようにする部品です。たとえば、電卓の液晶画面やパソコンのモニターなどが出力装置です。

　画面以外の出力装置もあります。たとえば、音声を出力するスピーカーや、紙に印刷するプリンターなどです。

　コンビニで買い物をするとレシートをもらいます。このレシートには合計金額、消費税、預かり金額、お釣り、ポイントなどの計算結果の情報が書き込まれています。レジの中で印刷する部品も、立派な出力装置といえます。

コンピュータの5大装置③ 「記憶装置」

　記憶装置は、コンピュータに入力した情報や演算、制御した結果をコンピュータの内部に記憶しておく部品です。記憶装置には、「主記憶装置」と「補助記憶装置」の2種類があります。

　主記憶装置は、コンピュータの内部に一時的に情報を保存する部品です。主記憶装置は「メモリ」とも呼ばれ、とても高速ですが、わずかな情報量しか記憶することができません。

　電卓に入っているのは、この主記憶装置（メモリ）だけです。電卓は手早く計算してその場で結果を表示すればよい場合が多く、記録も長期保存する必要がありません。したがって、その場で計算するための主記憶装置さえあれば十分なので、電源を切ってしまうと計算結果はなくなってしまいます。

　補助記憶装置は、情報を永続的に保存できる部品です。

　補助記憶装置は作業速度が遅い分、大量の情報が記憶でき、主記憶装置に付加して用います。パソコンの補助記憶装置ではHDD（ハードディスク）やSDD（ソリッドステートドライブ）が知られています。CD、DVD、BD（ブルーレイディスク）といった光ディスクや、デジカメなどで使うSDカード、USBメモリなども補助記憶装置です。

　テレビ録画をするディスクレコーダーの一部の商品には、後からハードディスクを取り付けて録画時間を増やすことができます。これも、補助記憶装置を増設する例といえます。

コンピュータの5大装置④「演算装置」

　演算装置は、コンピュータの内部で四則演算（＋,−,×,÷）や、論理演算（AND,OR,NOT,XOR）、大小比較（＜,＞,≦,≧）などを計算する部品です。論理演算では最終的に0（偽）か1（真）かの演算を行い、大小比較では文字どおり数の大きさを比較します。

　一般的な電卓では主に四則演算を行います。専門的な関数電卓では、論理演算や大小比較なども行えます。また、パソコンで使うMicrosoft Excelは、簡単にこれらを演算できます。

コンピュータの5大装置⑤「制御装置」

　制御装置は、「入力」「出力」「記憶」「演算」の4つの装置をそれぞれコントロールして最適な状態で動かすための部品です。

　この制御装置では、「どのような情報をコンピュータに入力するか」「メモリ内のどの場所に情報を記憶させるか」「どんな順序で演算をするのか」「何を出力させるのか」を管理しています。

「制御装置」と「演算装置」を組み合わせた部品を「CPU」（Central Processing Unit）といい、日本語では「中央処理装置」と訳します。CPUはコンピュータの心臓部です。

プログラムにはコンピュータの「動かし方」が書かれている

　コンピュータには「入力装置」「記憶装置」「演算装置」「出力装置」「制御装置」という5大装置があり、プログラムはこれらの装置の動かし方をコンピュータに指示します。

　コンピュータはプログラムに書かれた内容にしたがって5大装置を動かし、利用者が望む結果を提供します。

　コンピュータの動かし方やルールを考え、その方法を記述することを「プログラミング」と呼びます。プログラムの内容が変われば、もちろんコンピュータの動きもその内容にしたがいます。

　たとえば、電卓の計算では「入力→記憶→演算→出力」という大きな手順

がありましたが、この3つめの演算（計算処理）で具体的な計算内容を指定すると次のようになります。

【足し算の演算を行う命令】
　入力された式が「＋」の場合、「＋」の直前に入力された数字と、「＋」の直後に入力された数字を足し算しなさい

【引き算の演算を行う命令】
　入力された式が「－」の場合、「－」の直前に入力された数字から、「－」の直後に入力された数字を引き算しなさい

　このように命令を与えることで、コンピュータはさまざまな処理を行い結果を出します。あなたの発想と命令次第で、コンピュータは無限の仕事をしてくれるのです。

03 コンピュータを動かす言葉とは

● コンピュータの言葉、「機械語」(マシン語)

　コンピュータを動かすには、コンピュータに動き方を教えればよいということがわかりました。しかし、ここで大きな問題があります。それはコンピュータにどんな言葉で動き方を教えればよいかということです。

　人間の言葉でコンピュータの部品に直接話しかけても理解できません。コンピュータがわかる言葉で伝えなければならないのです。コンピュータが理解できる最小の言葉とは一体どのようなものでしょうか？

　実は機械が理解できるのは、**数字の０（ゼロ）と１だけ**なのです。

　０と１との違いは、文字どおり「ないか、あるか」の違いです。つまりスイッチのように「オフか、オンか」の二者択一の指示をされて、はじめて機械は判断できるのです。

　すべてのコンピュータは０と１の命令を使って動いています。

　しかし、０と１でコンピュータが動くといわれてもピンとこないでしょうし、そもそもオンかオフかだけでは複雑な動きもできそうにもありません。

　そこで、さらに複雑な仕事をさせるために、この０と１を膨大に組み合わせてさまざまな命令をつくり、コンピュータに判断させるのです。

　たとえば、ある計算をさせたい場合に、４ケタの０と１を組み合わせて、次のようなコンピュータの基本ルールをつくります。

・「0000」と入力されたら、「２つの数字を入力する」
・「0001」と入力されたら、「記憶した数字を出力する」

・「0010」と入力されたら、「入力された2つの数字を記憶する」
・「0011」と入力されたら、「記憶した数字を足し算して記憶する」
・「0101」と入力されたら、「数字の5を入力する」
・「0110」と入力されたら、「数字の6を入力する」

このルールを使い、「数字の6と5を足し算して、計算結果を表示しなさい」という人間の言葉からコンピュータへの命令をつくると次になります。

　　0000　0110　0101　0010　0011　0001

この命令をコンピュータは次のように判断します。

命令①「入力する」
　　0000 →「これから2つの数字が入る」
　　0110 →「数字の6が入った」
　　0101 →「数字の5が入った」

命令②「記憶する」
　　0010 →「6と5を覚える」

命令③「演算する」
　　0011 →「6足す5は11。11を覚える」

命令④「出力する」
　　0001 →「命令③で覚えた11を表示する」

0と1の組み合わせだけでも立派な足し算の命令になりました。このような0と1の組み合わせで書かれた、コンピュータが理解できる言葉を「**機械語**」や「**マシン語**」と呼びます。
　ところが、機械語はコンピュータにとってはわかりやすいものの、0と1

の羅列では命令する人間側の手間がかかってしまいます。
「えーと、0110は何だったかな？　あ、6だった」などといつも確認しなければならず、誰もが簡単に使えるものではありません。そこで、もう少し人間にもわかりやすい言葉が必要になりました。

人がわかりやすい言葉、「プログラミング言語」

　人間の言葉にはたくさんの表現方法があります。たとえば、英語の「話す」だけでも「talk」「tell」「speak」などさまざまな表現があります。そこで、そのようなたくさんの表現から人間が理解しやすい言葉を選んで統一して、コンピュータにも伝えやすいルールをつくりました。

　たとえば、「話す」という命令では、「talk takahashi」（高橋に話す）というように表現のルールを決めることで、人間にもコンピュータにもわかりやすい「プログラミング言語」ができました。

　ちなみに、プログラミング言語の多くは英語がベースになっていますが、日本語をベースにしたプログラミング言語もあります。

　プログラミング言語は人間がわかりやすい言葉で表現されているものの、そもそもコンピュータは0か1の機械語しか判断できません。プログラミング言語のままではコンピュータは理解できないので、またまた問題が出てきました。

　このギャップをどうやって埋めればいいのでしょうか？

人間の言葉をコンピュータの言葉に「翻訳」する

　人間がわかるプログラミング言語を、コンピュータはそのまま理解することができません。つまり、プログラミング言語を機械語にするための「翻訳」が必要です。

　　人間がプログラミング言語でプログラムをつくる
　　　⇩

プログラミング言語のプログラムを機械語に「翻訳」する
⇩
機械語でコンピュータに命令する

　この翻訳によって、プログラミング言語のプログラムを機械語に変換できれば、人間側の言葉がコンピュータに伝えやすくなります。
　この翻訳には「コンパイル」「インタプリタ」「JITコンパイル」という3つの方法があります。それぞれの翻訳方法を見てみましょう。

まとめて機械語に翻訳する「コンパイル」
　「コンパイル」は、プログラミング言語をまとめて機械語に翻訳する方法です。コンパイルするプログラムを、「コンパイラ」と呼びます。
　いったん機械語にコンパイルされたプログラムは、それ以降は翻訳作業の必要がありません。プログラムの利用時は、「機械語版」の命令書が用意されている状態なので、プログラムの処理スピードも速くなります。
　一方で、最初に完全に正しいプログラミング言語を書いておかないと、思ったとおりにプログラムが動かない欠点があります。このコンパイル方式を用いた主なプログラミング言語にはC（シー）、C++（シープラプラ、シープラスプラス）、Objective-C（オブジェクティブシー）などがあります。

同時通訳する「インタプリタ」
　「インタプリタ」は、プログラミング言語をその場で1行ずつ機械語に翻訳しながら実行していく方法です。ちなみに、英語表記のinterpreterには「通訳」という意味があります。
　この方法では、プログラムを動かす瞬間に、命令ごとに同時通訳をしながらコンピュータを動かすので、コンパイルする方法にくらべてプログラムのスピードが遅くなります。
　しかし、プログラムをつくる人間にとっては都合のよいことがあります。
　プログラミングには、ミスがつきものです。もし、プログラミング言語が間違っていた場合は、翻訳がその場で止まります。プログラミング言語のミ

スをすぐに発見し、修正できる利点があります。

このインタプリタを使う主なプログラミング言語にはPHP（ピーエイチピー）、Ruby（ルビー）、VBA（ブイビーエー。Visual Basic for Applicationsの略）などがあります。

良いところ取りの「JITコンパイル」

「JITコンパイル」という翻訳方法もあります。

JIT（ジット）は「Just-In-Time」の略で「実行時コンパイル」とも呼ばれています。JITコンパイルするプログラムを「JITコンパイラ」と呼びます。

JITコンパイルは、プログラムをある一定のかたまりごとに機械語に翻訳しながらコンピュータを動かす方法です。コンパイラとインタプリタの良いところ取りをしています。

JITコンパイルで動くプログラミング言語は、インタプリタ方式のプログラミング言語よりプログラムの処理スピードが速いという特徴があります。この翻訳方法を「JITコンパイル方式」と呼ぶこともあります。

JITコンパイルを使う主なプログラミング言語には、Java（ジャバ）、JavaScript（ジャバスクリプト）、C#（シーシャープ）、VB.NET（ブイビードットネット。Visual Basic.NETの略）などがあります。

このように、プログラミング言語は「コンパイル」「インタプリタ」「JITコンパイル」という3つに分類できます。

どのプログラミング言語も良し悪しがあるので、目的や用途によって使い分けをするのが理想です。プログラミングの初歩の段階では、使いやすい簡単なプログラミング言語から一歩ずつ習得してください。

さて、マイミたちはどのプログラミング言語を使っていくのかを見てみましょう。

第 **2** 章

プログラミングの準備と基礎知識

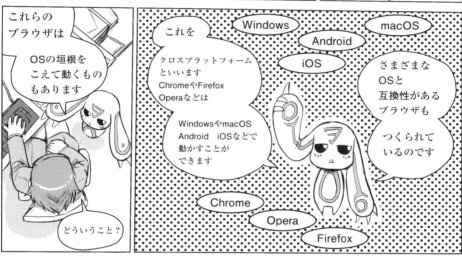

01 やりたいことから言語を選ぶ

● コンピュータでやりたいことは何かを考える

　第1章ではコンピュータのしくみと、コンピュータを動かすために必要なプログラムやプログラミング言語を紹介しました。

　私たちがコンピュータに仕事をしてもらうためには、プログラミング言語を使ってプログラムをつくる必要がありました。

　しかし、いざプログラミングをするとなると、「どのプログラミング言語を使ってプログラミングをすればよいか？」を考えなければなりません。

　第1章では、「ネイティブコード方式」のC、C++、Objective-C、「インタプリタ方式」のPHP、Ruby、VBA、「JITコンパイル方式」のJava、JavaScript、C#、VB.NETなどのプログラミング言語などがあることを紹介しました。

　プログラミングをするにはこれらのプログラミング言語から1つを選ばなければなりません。では、どのようにして選べばよいのでしょうか？

　プログラミング言語選びで最初に決めるのは、「コンピュータでやりたいことは何か？」ということです。

　たとえば、コンピュータで「ゲーム」をしたいとします。

　そのゲームはどんなコンピュータで動かすのでしょうか？　あなたが持っているパソコン？　タブレット？　専用のゲーム端末？　それともスマートフォンでしょうか。

　このようにどのような機械でゲームを動かすかによって、適したプログラミング言語が変わってきます。

02 動かす場所から言語を選ぶ

　具体的にプログラム（アプリケーション）を動かす場所を考えます。
　OS（オーエス）とブラウザと特定のプログラムに分け、プログラムを動かす場所を検討した上で、本書で扱うプログラミング言語を選びます。

プログラムを動かす場所① 「OS上で動かす」

　最初に考えるのは「どのOSでプログラムを動かすか」ということです。
　OSとはOperating System（オペレーティングシステム）の略で、コンピュータ全体の動きを管理し、人間が使いやすいようにコンピュータ全体をコントロールしてくれるプログラムのことです。
　たとえば、よく聞くWindows（ウィンドウズ）がOSの代表です。WindowsはパソコンのOSとして一番多く使われています。また、iMacやMacBookといったApple社製のパソコンではmacOS（マックオーエス）というOSが使われています。
　そのほかにも、スマートフォンやタブレット上で動くGoogle社のAndroid（アンドロイド）、Apple社のiOS（アイオーエス）などのOSがあります。
　このほかにUNIX（ユニックス）やLinux（リナックス）と呼ばれるOSもあります。はじめて知った方もいるかもしれませんが、研究目的や業務などで昔から使われています。特にUNIXベースのLinuxの多くは無料で利用できるので、世界中の団体や企業、研究機関で使われています。UNIXやLinuxはさまざまな企業や組織でつくられていて、次のように多くの種類があります。

> 主なUNIX系OS

AIX（エーアイエックス）、HP-UX（エッチピーユーエックス）、Solaris（ソラリス）など。

> 主なLinux系OS

Red Hat Linux（レッドハットリナックス）、Turbolinux（ターボリナックス）、Ubuntu（ウブントゥ）など。

　このようにたくさんのOSがあり、さらにそれぞれのOSごとに使えるプログラミング言語が変わってきます。

プログラムを動かす場所② 「ブラウザ上で動かす」

　OSはコンピュータをコントロールするプログラムです。
　プログラミング言語はOSごとにまったく異なっていたり、似ていても方言があったりしますが、OSの垣根を越えてさまざまなOSで使えるプログラミング言語があれば便利です。
　そこで、プログラムを動かすしくみを別な角度から考えてみます。
　ホームページを見る場面を想像してください。インターネットのホームページやサイトを見るためのプログラムは「ブラウザ」「ウェブブラウザ」と呼ばれます。
　パソコンやスマホなどでホームページを見ることができれば、何かのブラウザを使っているということです。代表的なブラウザを紹介しましょう。

第2章 ▶ プログラミングの準備と基礎知識

> ブラウザ（ホームページ閲覧プログラム）の例
> Internet Explorer（インターネットエクスプローラー。「IE」とも。マイクロソフト社提供）
> Edge（エッジ。マイクロソフト社提供）
> Chrome（クローム。グーグル社提供）
> Firefox（ファイアフォックス。Mozilla Foundation提供）
> Safari（サファリ。Apple社提供）

　これらのブラウザは、多数のOSに対応したものもあります。
　たとえばChromeはWindows、macOS、Android、iOS、Linuxなど、私たちが日常で使うほとんどのOSで提供されています。このブラウザ上で動くプログラムをつくれば、OSについてはあまり意識せずに、複数のOSに対応できるようになります。

プログラムを動かす場所③「Microsoft Office上で動かす」

　ブラウザ以外では、Microsoft Office（マイクロソフトオフィス）上で動くプログラムもあります。Officeは複数のプログラムで構成され、ワープロのWord（ワード）や表計算ソフトのExcel（エクセル）、プレゼンテーションソフトのPowerPoint（パワーポイント）などが含まれています。
　Office製品はWindows版、Mac版もありますが、どちらでもほぼ同じ動きをします。また、ブラウザで動くOffice Onlineを使えば、さまざまなOSでOfficeを動かせます。さらにこのOffice製品中で動くビデオゲームをつくることもできます。

03 「つくりやすさ」から言語を検討する

「つくりやすさ」を条件に加える理由

　どこでプログラムを動かすかを決めたら、その次にプログラミングの「つくりやすさ」を考えます。
　たとえば、多くのビデオゲームは画面にたくさんの情報を表示します。そのため、モニターやディスプレイの画面描画が得意なプログラミング言語を選ぶほうが、プログラミングがしやすくなります。
　それとは逆に、情報表示がそれほど重要ではないプログラムの場合、画面描画が得意なプログラミング言語よりも、それ以外の演算能力に長けたプログラミング言語を選ぶほうが、プログラミングがしやすくなります。
　このように、つくりやすさもプログラミング言語を選ぶ条件になります。

プログラムの「スピード」を考える

　プログラムの実行にスピード（速さ）が求められる場合もあります。
　たとえば、シューティングゲーム（銃で敵を倒すゲーム）のように弾を撃ったり避けたりするような、スピードや反射神経が求められるゲームの場合にはプログラムへの処理速度の要求が高くなります。
　逆に、将棋やオセロのようにじっくり考えるゲームの場合は、プログラムに求められるスピードはそれほど速くなくても問題ありません。
　また、ビジネスや研究で使われるプログラムでは、「○秒以内に答えがほしい」というスピードについての要求がある場合があります。

スピードが求められる場合には、コンパイル型やJITコンパイル型のプログラミング言語が用いられることが多いです。ただし、最近のインタプリタ型の技術も進んでおり、処理速度が向上しています。そのため、厳しい条件がなければ、あまりスピードを意識しなくてもよくなりつつあります。

COLUMN 2　プログラミング言語の変わり種!?

　私は仕事でいくつかのプログラミング言語を使っていますが、その中でもちょっと風変わりなプログラミング言語がありました。

　それはYPS/COBOLというプログラミング言語です。このプログラミング言語は少し変わっており、ソースコード（プログラミング言語を羅列したもの）をフローチャート（ソースコードの流れを図で表したもの）に似た図で表現します。そのため、プログラミングをすると「これがソースコード？」と思ってしまうのですが、これがコンパイルされるとちゃんとソースコードがつくられ、そのソースコードがさらににコンパイルされてマシン語に変換されるのです。

　当時はとても画期的で、こんなプログラミング言語もあるのかと感動したのを覚えています。

04 コンピュータを動かすためには？

どんなプログラミング言語があるのか？

「プログラムを動かす場所」、「つくりやすさ」、「スピード」などから、どのようなプログラミング言語を選ぶべきかを考えてきました。

これらを踏まえてプログラミング言語を選びます。主なプログラミング言語の一覧は次のとおりです。プログラミング言語を選択する際の参考にしてください。

●主なプログラミング言語

言語	主要OS	動かし方	速度の目安	用途	学習難易度	特徴
C	UNIX/Linux	ネイティブ	速い	汎用	普通	元はUNIXをつくるために開発された。処理速度はすべての言語中トップクラスだが習得に時間がかかる。 「C言語」とも呼ばれる
C++	Win/UNIX/Linux	ネイティブ	速い	汎用	やや難	Cをベースに「オブジェクト指向」という考え方を取り入れた。C言語対応ならC++もほぼ対応。速度も速いが習得はC以上に難しい
Objective-C	Mac/iOS	ネイティブ	速い	macOS/iOSで使用	やや難	macOSやiOS向けにカスタマイズされたC言語。iPhone、iPad、iMacなどApple製品向けでは必須

言語	主要OS	動かし方	速度の目安	用途	学習難易度	特徴
C#	Windows	JIT	速い	Windows／インターネット（Web）で使用	難しい	CやC++を改良して開発された。書き方がJavaに近く、Java習得者はC#も習得しやすい。マイクロソフトが開発した.NET Frameworkがベース。.NET FrameworkはWindows以外にmacOS/iOS、UNIX/Linuxなど各種OSに対応
Swift	Mac/iOS	ネイティブ	速い	macOS／iOSで使用	難しい	Objective-Cの後の新言語としてApple社が採用。Objective-Cより高速で安全に動く設計がされているが、習得は難しい
Java	Win/Mac/iOS/Android/UNIX/Linux	JIT	速い	汎用	やや難	サン・マイクロシステムズ（現オラクル社）が開発。インターネット（Web）での利用から家電製品で動くプログラムまで、非常に幅広い用途に対応。マルチプラットフォーム対応。AndroidはJavaでつくられている
Visual Basic (VB)	Windows	インタプリタ／ネイティブ	普通	Windowsで使用	やや簡単	マイクロソフトが開発したBASICというプログラミング言語を改良したWindows向け言語。フォームという画面で押す、選択するなどの動作からのプログラムの動きを考えられるつくりで初心者にも取り組みやすい。バージョンによりプログラムの動かし方が変わり、VB4.0まではインタプリタ方式、VB5.0以降はネイティブコード方式で動く
Visual Basic.NET (VB.NET)	Windows	JIT	速い	Windows／インターネット（Web）で使用	普通	VBの後継として、マイクロソフト社の.NET Frameworkに対応させた言語で、VBと比べて「オブジェクト指向」の考えが強く取り入れられ、大規模なプログラムなどにも対応した

言語	主要OS	動かし方	速度の目安	用途	学習難易度	特徴
Visual Basic for Applications (VBA)	Windows	インタプリタ	普通	Officeで使用	簡単	Microsoft Office製品中で動くマクロをつくるためのプログラミング言語。VBがベースなので、VBとほぼ同じ作り方ができ、VBとの親和性も高い（VBAのプログラムはVBに移行しやすい）。Officeで手軽にプログラミングができるので、プログラミング入門者に人気
PHP	Win/UNIX/Linux	インタプリタ	遅い	インターネット（Web）で使用	簡単	正式名はPHP: Hypertext Preprocessor。インターネット（Web）のページ表示用のHTML言語の中で使われる。小〜中規模のプログラム作成に向き、習得までの時間が短く、多くの学習教材が揃う
Ruby	Win/UNIX/Linux	インタプリタ	遅い	インターネット（Web）で使用	やや簡単	国産のインターネット（Web）向け言語。「オブジェクト指向」の考え方が取り入れられ、プログラミングの制約が少ないため、扱いやすさに定評がある
JavaScript	Win/UNIX/Linux	インタプリタ／JIT	速い	インターネット（Web）で使用	やや簡単	インターネット（Web）で動くプログラム向け。名前にJavaとあるがJavaとは別物。インターネットのページ表示用のHTML言語の中で使われ、グーグル社提供のGoogleマップはJavaScript製。以前はインタプリタ方式だったが、現在はJITコンパイル方式を使用し高速化された。小〜大規模なプログラムの作成に対応

プログラミング言語ごとの「Hello World!」の書き方の違いを紹介します。「Hello World!」はプログラミング言語の覚え始めに使うプログラムで、画面に「Hello World!」と表示するだけのプログラムです。

それぞれどのように記述するかを一覧にしましたが、「Hello World!」という表示だけで、さまざまな記述方法があるのがわかります。

● 「Hello World!」の違い

C
```
#include<stdio.h>

int main(int argc, char *args[])
{
  printf("Hello World!\n");
  returan 0;
}
```

Swift
```
print("Hello World!")
```

VBA
```
Sub HelloWorld()
  MsgBox "Hello World!"
End Sub
```

C++
```
#include <iostream>

int main()
{
  stud::cout << "Hello World!\n";
  returan 0;
}
```

Java
```
public class Helloworld{
  public static void main(string[]args){
    System.out.printin("Hello World!");
  }
}
```

PHP
```
<?php
echo"Hello World!";
?>
```

Objective C

```
#import <Foundation/Foundation.h>

int main(int argc,const char * argv[])
{

  @autoreleasepool{
   NSlog(@"Hello World!");
  }
   return 0;
}
```

VB(Visual Basic)

```
Module HelloWorld
  Sub Main()
   MsgBox("Hello World!")
  End Sub
End Module
```

Ruby

```
puts "Hello World!"
```

C#

```
class Helloworld
{
    static void Main()
    {
        Console.WriteLine("Hello World!");
    }
}
```

VB.NET(Visual Basic.NET)

```
Public Class HelloWorld
   Shared Sub Main()
     System.Console.WriteLine("Hello World!")
   End Sub
End Class
```

JavaScript

```
<script type="text/javascript">
<!--
document.write("Hello World!");
// à
</sctipt>
```

ふむ

「プログラムを動かす場所」
「つくりやすさ」
「スピード」で
プログラミング言語を
選ぶのかぁ

私は仕事でOfficeをよく使うし
エニアが学びやすいって言ってた
VBAが合ってるかな

05 プログラミングする環境を用意しよう

プログラムづくりの3段階

つくりたいプログラムがあって、どのプログラミング言語でつくるのかが決まったら、本格的にプログラミングの準備に入ります。プログラミング言語でプログラムをつくるためには次の3つのステップがあります。

ステップ①「ソースコードを書く」
ステップ②「翻訳する」
ステップ③「プログラムを実行する」

ステップ①「ソースコードを書く」では、実際にプログラミングをします。テキストエディタというツールを使って実際にプログラミング言語を書くのですが、このプログラミング言語の羅列を、「ソースコード」と呼びます。

ステップ②「翻訳する」では、ソースコードを機械語に翻訳するプログラムを動かして、プログラムを作成します。翻訳が正しく行われないとエラーになり、誤った場所が表示されます。間違いがあれば、正しく書き直して再度翻訳します。翻訳が正常に終了し、正しくプログラムが実行されるまで、この作業を繰り返します。

ステップ③「プログラムを実行する」では、翻訳したプログラムを実際に動かします。翻訳時にエラーが出ずにプログラムが作成できても、単に文法

が正しいだけで本当に正しい内容とはかぎりません。ソースコードに矛盾や誤りがあれば、プログラムが正しく動かない場合もあります。そのため、**翻訳後のプログラムが正しく動くかどうか、動作確認のテストをするのです。**

このように、1つのプログラムの完成までに、プログラミング言語でソースコードを記述し、それを機械語に翻訳して、作成したプログラムの確認作業を行います。

しかし、これらの作業を別々に何度も繰り返すのはとても面倒で、効率が悪いものです。

そこで、これらの作業をまとめて行える「IDE」と呼ばれるアプリケーションが登場しました。IDEとは統合開発環境（Integrated Development Environment）の略で、「テキストエディタ、翻訳、実行、テスト」の作業を1つの大きなアプリケーションで行うことができます。

たとえば、IDEを使って翻訳時にエラーが出た場合は、テキストエディタ上でエラーの発生行が表示されてすぐに修正ができます。プログラムの実行時に、動きに沿ってソースコードの該当箇所を可視化する機能があるIDEもあります。

●**主なIDE（統合開発環境）**

IDE	開発企業/団体	主な対応言語	有償/無償	特徴
Visual Studio	Microsoft	C#、C++、VB（.NET）	有償版、無償版あり	.NET Frameworkに対応。C#、VB.NETなどのプログラミングができる。無償版のVisual Studio Communityも提供
Visual Basic Editor (VBE)	Microsoft	VBA	有償（Office製品に同梱）	Office製品中で動くプログラムが作成でき、各Office製品に同梱される（[Alt]+[F11]で起動）

第2章 ▶ プログラミングの準備と基礎知識

IDE	開発企業/団体	主な対応言語	有償/無償	特徴
Eclipse	Eclipse Foundation	Java、C/C++、PHP、JavaScript	無償	無償のIDEとして古くから人気がある。Javaでつくられており、プラグインをEclipseに取り込んで、多くの言語に対応できる
NetBeans IDE	Oracle	Java、C/C++、PHP、JavaScript	無償	人気が高いIDE。Eclipseと同様、Javaでつくられ、多くのプログラミングに対応。Eclipseと対応言語がほぼ同じなのでよくEclipseと比較される
Ruby on Rails	Rails Core Team	Ruby	無償	略称にRoR、Rails。Rubyでつくられ、Rubyを使ってのプログラミングに特化。プログラミングのしやすさ、使いやすさに定評がある
Xcode	Apple	Objective-C、Swift	無償	以前は有償だったが、現在は無償提供。Apple製品（iPhone、iPad、iMacなど）向けプログラム作成ではほぼXcodeが使われる
Android Studio	Google	Java	無償	Android向けプログラム（アプリ）作成に特化。以前はEclipseでつくられていたが、Android Studioでつくられるアプリが多くなっている

　IDEを使ってのソースコード例と、プログラムが実際に動いた場面を紹介します。IDEに「VBE」を使い、プログラミング言語には「VBA」を使って、簡単な電卓を作成しますが、次の画面を見て、IDEで書いたソースコードが翻訳され、簡易電卓のアプリが動く場面を想像してください。

105

● VBEを利用した簡易電卓のプログラミング

● 簡易電卓の動作例

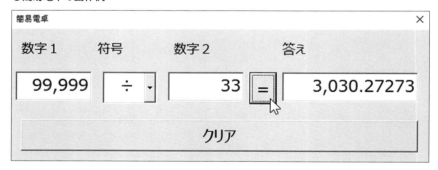

IDEは自分で触ってみて使いやすそうなモノを選ぶのが一番です！

06 プログラムはどのようにできているのか

つくりたいプログラムを考えてプログラミング言語を選び、プログラミングに必要なIDEを用意するまでの流れを説明しました。

次に、プログラミングを紹介します。

「プログラミング」とは、プログラミング言語でプログラムを記述することです。記述方法は言語によってさまざまなので、すべてのプログラミング言語に共通する「プログラムの動かし方」からお話しします。

プログラムの基本的な動かし方

プログラムを動かす命令には①「入力」、②「出力」、③「演算」、④「条件つき実行」、⑤「繰り返し」の5つの基本パターンがあります。これらの命令で、コンピュータの入力装置、記憶装置、出力装置、演算装置、制御装置などを動かします。

命令①「入力」

コンピュータの入力装置から情報を取り込み、記憶装置に記憶させます。電卓に入力された数字や、タブレットのタッチパネルで押されたアイコンの情報をコンピュータに取り込むような場合に使われます。

命令②「出力」

コンピュータの記憶装置に記憶した情報を、出力装置に送り出します。画面に計算結果を表示したり、レシートに計算結果を印刷したりする場合に使われます。

命令③「演算」

コンピュータの記憶装置に記憶した情報を、演算装置を使って演算します。四則演算、論理演算、大小比較など、さまざまな演算方法があります。

命令④「条件つき実行」

条件を満たすとコンピュータの制御装置が処理（一連のプログラムの動作）を実行します。条件つき実行では、条件を満たした場合の動作と、条件を満たさない場合の動作などがあります。

命令⑤「繰り返し」

ある条件にもとづいてコンピュータの制御装置が処理を繰り返します。一定の回数を繰り返す、ある条件を満たすまで繰り返す、ある条件を満たさなくなるまで繰り返すなど、さまざまな動かし方があります。

プログラムの動かし方を決める「アルゴリズム」

プログラムは「入力」「出力」「演算」「条件つき実行」「繰り返し」の5つを組み合わせて、あらゆるコンピュータを動かします。ビデオゲームでも、スマートフォンのアプリでも、自動券売機でもこの5つを基本として動くのです。

ところで、実際にコンピュータを思いどおりに動かすには、この5つをどのように組み合わせればよいでしょうか？

ここで、「アルゴリズム」という考え方が出てきます。アルゴリズムとは、プログラムを動かす5種類の命令の並べ方だと考えてください。

足し算を例にアルゴリズムを考えましょう。2つの数字をコンピュータに入力すると、足し算の答えが表示されるアルゴリズムをつくります。

足し算のアルゴリズム

①入力「1つめの数字を入力し、コンピュータに記憶する」

②入力「2つめの数字を入力し、コンピュータに記憶する」
③演算「2つの数字を足し算して、計算結果をコンピュータに記憶する」
④出力「コンピュータに記憶された計算結果を画面に表示する」
⑤繰り返し「①に戻る」

　いかがでしょうか。足し算の流れがイメージできたでしょうか。
　このようなプログラムを実行する流れを、アルゴリズムと呼ぶのです。

四則演算のアルゴリズム

　今度は四則演算（＋－×÷）を行うアルゴリズムを考えます。
　ここでは電卓と同じように、「数字→符号→数字→『＝』」とボタンを押すと、四則演算を計算して答えを表示するアルゴリズムをつくります。
　なお、ボタンが押される順序は必ず「数字→符号→数字→『＝』」の順で、使う符号は［＋］［－］［×］［÷］のいずれかのボタンに限定します。

四則演算（＋－×÷）のアルゴリズム

①入力「1つめの数字を入力して、コンピュータに記憶する」
②入力「符号を入力して、記憶する」
③入力「2つめの数字を入力して、記憶する」
④入力「『＝』を入力して、記憶する」
⑤条件つき実行（足し算）「入力した符合が『＋』の場合は、次の⑥の処理を実行する。そうでなければ⑦の処理を実行する」
⑥演算（足し算）「入力された2つの数字を足し算して、計算結果を記憶する」
⑦条件つき実行（引き算）「符合が『－』の場合は、次の⑧の処理を実行する。そうでなければ⑨の処理を実行する」
⑧演算（引き算）「1つめの数字から2つめの数字を引き算して、計算結果を記憶する」
⑨条件つき実行（掛け算）「符合が『×』の場合は、次の⑩の処理を実行す

る。そうでなければ⑪の処理を実行する」
⑩演算（掛け算）「1つめの数字と2つめの数字を掛け算して、計算結果を記憶する」
⑪条件つき実行（割り算）「符合が『÷』の場合は、次の⑫の処理を実行する。そうでなければ⑬の処理を実行する」
⑫演算「1つめの数字と2つめの数字を割り算して、計算結果を記憶する」
⑬出力「計算結果を画面に出力する」

　少し長くなりましたが、このようなアルゴリズムをつくると四則演算ができます。文章だけでわかりづらい場合は、「フローチャート」を描くとわかりやすくなります。

「フローチャート」でアルゴリズムを「可視化」する

　フローチャートはアルゴリズムを図にして見やすくしたものです。本書では簡略化したルールでフローチャートを描くことにします。

> 本書のフローチャートのルール
> ルール①「『入力』『出力』『演算』は、長方形の図形を使う」
> ルール②「『条件つき実行』は、ひし形の図形を使う」
> ルール③「プログラムの開始は『START』、終了は『END』の表記を使う」

　このルールでフローチャートを描くとプログラムの動きがわかりやすくなります。このアルゴリズムでは、入力した符号から「＋」「－」「×」「÷」のどの計算をするかを判断して、符号に応じた演算を行い、最後に結果を出力します。計算結果を出力したらまた最初に戻り、再び計算ができるようにします。

第2章 ▶ プログラミングの準備と基礎知識

●四則演算のフローチャート

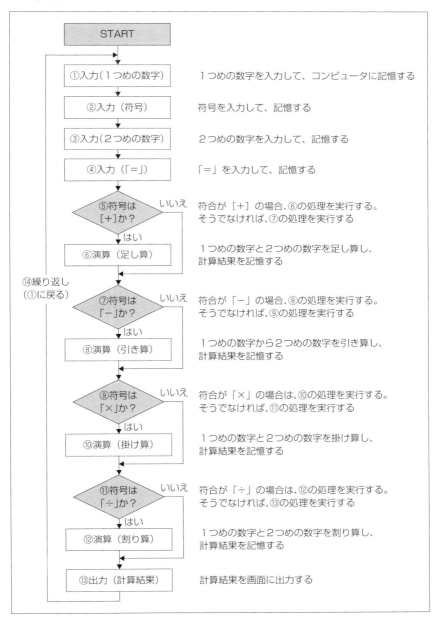

電子レンジのアルゴリズムを考えよう

次は、少し変わったアルゴリズムを考えましょう。

電子レンジに入れた食べ物を75℃まで温めるアルゴリズムをつくります。

ここでは以下が前提です。

電子レンジには加熱しても大丈夫な食べ物が入っています。電子レンジには「あたためボタン」があり、このボタンを押すと加熱がスタートします。そして、あたためが終了するまで、電子レンジの加熱が続きます。

それではこのアルゴリズムをつくります。

電子レンジの「あたため」のアルゴリズム
①入力「あたためボタンが押されたら、②以降の処理を行う」
②出力「庫内の電磁波出力装置から食べ物に向かって電磁波を照射する」
③入力「庫内の温度計の温度を測り、電子レンジに記憶する」
④繰り返し「庫内の温度計が75℃を示すまで、③の処理を繰り返す」
⑤出力「庫内の電磁波出力装置の電磁波の照射を止める」
⑥出力「電子レンジのブザーを鳴らし、あたためが終了したことを知らせる」

この電子レンジのアルゴリズムをフローチャートで表現すると次のようになります。フローチャートを見ながら実際に電子レンジが動く様子をイメージしましょう。

第2章 ▶ プログラミングの準備と基礎知識

●電子レンジのフローチャート

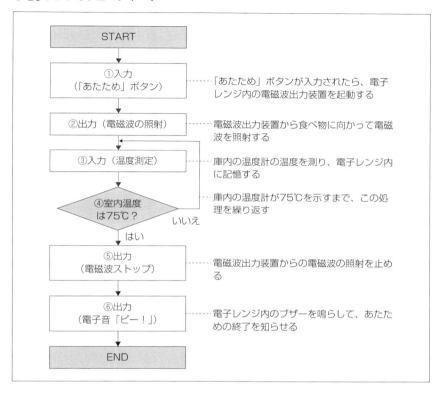

　フローチャートの描き方は四則演算と同じですが、繰り返し部分は「条件つき実行」と同じひし形を使っています。

　このフローチャートでは、あたためボタンが押されると、電子レンジ内で食べ物に電磁波が照射されます。その後、電子レンジの庫内温度が75℃になるまで温度測定を繰り返します。75℃になったら電磁波の照射を止めて、終了を知らせる電子音を鳴らしてプログラムを終了します。

フローチャートでプログラムの動きを把握する

　このように、あらかじめフローチャートで表現すると、プログラムがどんな動きになるかがわかりやすくなります。

　プログラミングの前にフローチャートをつくっておけば、プログラミング言語の記述や、翻訳したプログラムを実行する時に、そのプログラムが正しく動作するかどうかが判断しやすくなります。

　プログラミングのしくみを理解したマイミたちは、いよいよプログラミングを行います。マイミがどのようにプログラミングをするのか、続きを見ましょう。

COLUMN 3　あえてフローチャートを手書きする理由

　私が仕事でプログラミングをしていた時は、必ずフローチャートを書くようにしていました。今でこそフローチャートを書くためのプログラムがたくさんあるようですが、当時は手書きが通例でした。

　フローチャートはプログラムの流れを示したモノなので、大きなプログラムになればそのサイズも大きくなります。1枚の用紙ではフローチャートが収まらなくなってしまうこともあります。当然、書き足すほどに見づらくなっていきますから、書き直しです。

　たしかにそれは手間のかかる作業でした。ところが手書きでフローチャートを何度もつくり直していくと、自然とプログラムに対する理解が深まり、どうやってつくっていくかがわかってくるのです。

　そんな経験もあって、私は今でもプログラムをつくる時は必ずフローチャートを手書きするようにしています。

　ちなみに、私の経験上、紙に書く場合は用紙を縦長にして、左上に[START]を置くようにすると1枚で収まりやすくなるので、ぜひ試してみてください！

第 **3** 章

プログラムの動きとつくる手順を考えよう

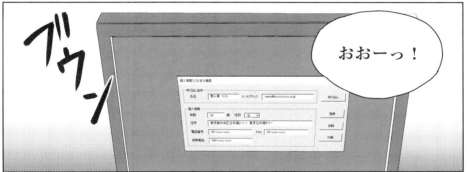

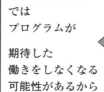

01 プログラミングのための段取り

プログラミングの手順

　ここからは実際にプログラムづくりを体験します。「でも、やっぱりむずかしそう。何から始めればよいかわからない」と思うかもしれませんが、心配はいりません。プログラミングは料理と同じです。正しい手順を踏めば、初心者でも目玉焼きやカレーライスができるように、簡単なプログラムならばつくれるのです。

　料理では段取りがとても大切です。完成形をイメージしてレシピを確認し、手順を考え、食材や調理器具を用意して調理します。プログラムづくりも同様です。どんな完成形になるかを明確にして、完成までの道のりを一歩ずつ進めます。

　本書では、マイクロソフト社のExcelを使って簡易電卓のプログラムをつくります。まず、この章で全体の流れを確認して準備を行い、次の章でExcelを使ったプログラミングを体験します。

作業の流れを考えよう

　初心者の料理と同じように、簡単なプログラムだとしても、きちんとした準備をしなければ上手につくれないものです。

　また、きちんと設計図をつくっておかないと、プログラムが正しく動かない場合にほかの人が直せなくなりますし、目的があいまいだとプログラム内で矛盾が生じて動かなくなったり、目的とは異なる動きになったりする場合

もあります。

　このような不具合を避けるため、プログラムの目的や動き方を決めてから、段階ごとにプログラムづくりを進めます。

　最初にプログラムの目的や動き方を決めて、それからプログラミングを行うのです。

　プログラムはただつくっただけでは未完成で、実はその後の作業が大切です。とても簡単なプログラムでも、一度できたプログラムがそのまま便利に使えることはまずありません。動作確認をして、バグ（誤動作の原因）を発見して修正したり（デバッグ）、画面や機能を改善したり（メンテナンス）して理想の完成形に近づけていきます。

> プログラムづくりの大まかな流れ

準備①「プログラムで実現すること（目的）を決める」（この章で解説）
準備②「プログラムの外観（見ための動き）を考える」（この章で解説）
準備③「プログラムの内観（内部の動き）を考える」（この章で解説）
　　　　⇩
実践①「プログラミングを行う」（第4章で解説）
実践②「プログラムを確認、修正する（デバッグ）」（第4章で解説）
実践③「改善のメンテナンスをする」（第4章で解説）

　これらのプログラムづくりの流れを理解して準備をすれば、スムーズにプログラミングができます。あまり難しく考えずに、マイミと一緒に楽しみながらプログラミングを体験しましょう。

「プログラム作成シート」の準備

　本書では、プログラミングを行うための「プログラム作成シート」というチェックリストを使います。

　これからプログラム作成シートの項目をつくりながら、プログラムで実現する目的やプログラムの内容を決めて、具体的にプログラムづくりを進めて

いきます。

　本書を読み進めるにあたって、より実践的、具体的にプログラムづくりを体験したい方は、実際にExcelでプログラム作成シートをつくりながら読み進めてください。

●**プログラム作成シート**

「実現すること」(Goal)

No.	項目	内　容	確認
G-1	つくるもの		
G-2	プログラムが動く場所		
G-3	プログラムの仕事		
G-4	プログラミング言語		
G-5	IDE（統合開発環境）		
G-6	その他・特記事項		

「プログラムの外観」(Outside)

手順	項目	内　容	確認
O-1	入力		
O-2	入力		
O-3	⋮		
⋮			

「プログラムの内観（フローチャート）」(Inside)

手順	項目	内　容	確認
I-1	入力		
I-2	入力		
I-3	⋮		
⋮			

02 準備① 「実現すること」を決める

プログラムづくりの最初の準備は、「目的」（ゴール）を明確にすることです。
どのようなプログラムをつくるにしても、達成する目的を具体的に考えなければなりません。簡易電卓を例に考えましょう。

「実現すること」で決める項目
① コンピュータで実行させたい内容、「つくるもの」を考える
② 「プログラムが動く場所」を考える
③ 必要な機能が実現できる「プログラムの仕事」を考える
④ 最適な「プログラミング言語」を選ぶ
⑤ プログラムをつくる道具「IDE（統合開発環境）」を選ぶ
⑥ 「その他・特記事項」を考える

実現すること① コンピュータで「つくるもの」を決める

プログラムづくりでは、コンピュータで何をするのか？　つまり、「つくるもの」を最初に決めます。たとえば、簡易電卓をつくるために、

「パソコンで動く簡単な電卓」

と定義したとします。
しかし、ここで「簡単な」という表現が問題になります。
「簡単な」が意味するのは、「簡単な計算をする電卓」という意味でしょうか？　それとも、「使い方が簡単な電卓」という意味でしょうか？

このようにプログラムづくりでは、あいまいな言葉を使うと、読む人によってプログラムのイメージが変わってしまいます。

このような誤解を防ぐためには、あいまいな表現を避けて、誰でも正確に理解できるような具体的な表現が必要になります。

そこで数字を使って表現します。たとえば、「大きくする」は、「2倍の大きさにする」。「手順を楽にする」は、「手順の数を2分の1にする」。「すばやく動き出す」は「1秒で動き出す」と表現すれば、誰もが正確に理解できます。

それでは、あらためて簡易電卓で実現することを表現しましょう。

「パソコンで動く簡単な電卓」
　　　　⇩
「パソコン上で四則演算の符号（＋－×÷）を1回使って計算できる電卓」

「簡単な」というあいまいな表現を、「四則演算の符号（＋－×÷）を1回使う」という具体的な表現に変えました。

こうすれば、誰もが同じようにイメージできるでしょう。

実現すること② 「プログラムが動く場所」を決める

次はプログラムを動かす場所を決めます。

これには「どのOS上でプログラムを動かすか」という選択と、「どのアプリケーション上でプログラムを動かすか」という選択があります。

OSの選択では、ご自分が持っているパソコンで動作するOSを選びましょう。また、アプリケーションの選択では、表計算ソフトのExcelが入門用に使いやすいです。

これからつくる簡易電卓プログラムでは、簡単にプログラミングが体験できるようにExcelを選択します。Excelは単体購入もでき、Officeにも含まれています。期間限定の無償試用版が提供されています。Excelをお持ちでない方は、この試用版を使ってみてもよいでしょう。

●表計算ソフトMicrosoft Excel 2016の画面

　Excelの画面には「セル」と呼ばれるマスが縦横に並び、それぞれのセルに文字や数字を入力できます。セルのサイズは自由に変更でき、セル同士の計算も可能です。名簿のようなリストや、スケジュール表、家計簿、売上や在庫数の管理表などもつくることができます。

　このExcelにはExcelの動きを記録・実行する「マクロ」という機能があり、マクロはVBAというプログラミング言語で動いています。このマクロ機能を使うとソースコードを記述せずにプログラムが作成できるのです。

　さらにOfficeにはVBEという統合開発環境が付属して、直接ソースコードを書き換えることも可能です。プログラミング環境としても優れているので、さまざまなシーンでExcel VBA（Excel上で動くVBA）は活躍しています。

　本書では、これらのExcelの機能を使い簡易電卓プログラムをつくります。

Excelのマクロって
プログラミング言語が
書かれているのね！

実現すること③ 「プログラムの仕事」を決める

　プログラムを動かす場所がExcelと決まれば、次はプログラムに何を求めるか、プログラムの仕事を決めます。

　プログラムの動作速度や使い勝手は大切ですが、初心者にはつくりやすさも重要です。ですからプログラムづくりのたびに何が大切かを具体的に考える必要があります。

　たとえば円周率を1,000万桁まで計算するためだけの電卓なら、画面表示に凝る必要はなく、計算速度が一番に求められます。

　一方で、今回の簡易電卓のプログラムでは、電卓の操作画面が必要になります。利用者に必要な情報を入力してもらうために、「数字の入力ボタン」「四則演算の符号入力ボタン」「［＝］入力ボタン」などの表示だけではなく、入力した数や計算結果も表示する必要があります。つまり、簡易電卓では、画面表示の優先順位が高くなるので、プログラムの仕事は「画面で計算式の入力と計算結果を出力する」と定義します。

実現すること④ 「プログラミング言語」を決める

　次に、プログラミング言語を決めます。

　これまで決めたことを踏まえて、第2章のプログラミング言語の一覧から、速度や学習難易度、用途などをくらべて、使うプログラミング言語を選びます。

　簡易電卓はExcelで動かすため、使用するプログラミング言語はExcelの「VBA」（Visual Basic for Applications）になります。

実現すること⑤ 「IDE（統合開発環境）」を決める

　プログラミング言語が決まれば、次はプログラミングするためのIDE（統合開発環境）を第2章の一覧を参考にして決めます。

複数のIDEが対応する場合もありますが、どのIDEにも最低限プログラミングに必要な機能が備わっています。どのIDEにするか迷った場合は、どれか1つを選んで使ってみます。そして使い勝手が悪いと感じれば別のIDEを試すのです。

今回つくる簡易電卓のプログラミング言語はExcel VBAですから、IDEは「VBE」（Visual Basic Editor）になります。

実現すること⑥「その他・特記事項」

「つくるもの」「プログラムが動く場所」「プログラムの仕事」「プログラミング言語」「IDE（統合開発環境）」をプログラム作成シートに記入しました。

最後の欄には、これまで決めた以外の特記事項を記入します（今は「特になし」と入力します）。

これでプログラム作成シートの「実現すること」の完成です。

●プログラム作成シート「実現すること」

No.	項目	内容	確認
G-1	つくるもの	パソコン上で四則演算の符号（＋－×÷）を1回使って計算できる電卓	
G-2	プログラムが動く場所	Microsoft Excel	
G-3	プログラムの仕事	画面で計算式の入力と計算結果を出力する	
G-4	プログラミング言語	Excel VBA	
G-5	IDE（統合開発環境）	VBE	
G-6	その他・特記事項	特になし	

プログラムで実現することが明確になりました。ここで決めたことはとても大事なので、忘れないでください。

それではここでプログラム作成シートに書いた内容を柱にして、プログラミングの準備を進めましょう！

03 準備②「プログラムの外観」を決める

　ここからはプログラムの「動き」を考えます。
　これからプログラムをどのように動かすのかを具体的に考えていきます。しかし一度にすべての動きを把握するのは難しく、検討時に漏れが出るかもしれません。そこでプログラムの動きを、外側から見た動きと内部の動きに分けて考えます。

プログラムの外観を考える

　プログラムの「外観」は、文字どおり外側から見えるプログラムの形や動作です。入力画面、出力画面などの表示、データのプリントアウト、スマホのバイブレータ振動など、人が知覚できるプログラムのふるまいはすべて外観といえます。
　例として、個人情報を入力、出力する画面を見てみましょう。

●入出力画面の例

```
個人情報入力/出力画面                                           ×
┌呼び出し条件────────────────────────────┐
│  氏名    [野々原 マイミ]   メールアドレス [maimi@xxxxxxxxxx.co.jp]    [呼び出し] │
└────────────────────────────────┘
┌個人情報──────────────────────────────┐
│  年齢    [24] 歳   性別 [女 ▼]                    [登録]  │
│  住所    [東京都中央区日本橋2-7-1 東京日本橋タワー]              │
│  電話番号 [03-xxxx-xxxx]   FAX [03-xxxx-xxxx]         [削除]  │
│  携帯電話 [090-xxxx-xxxx]                        [印刷]  │
└────────────────────────────────┘
```

　この画面例では、「氏名」「年齢」「性別」「住所」など、さまざまな情報を入出力できる欄があります。この欄を「フィールド」と呼びます。

　フィールドには、データを入力したり出力したりする機能があります。たとえば、「氏名」フィールドでは氏名情報の入力や出力を行い、「性別」フィールドでは男女のいずれかを選択します。

　そのほかに、登録済みの情報をコンピュータから呼び出すための［呼び出し］ボタン、入力した情報をコンピュータに取り込むための［登録］ボタン、登録済みの情報を削除する［削除］ボタンなどもあります。これらのボタンにマウスカーソル（マウスの矢印）を乗せてクリックすると、ボタンを押す動きが表示されます。

　［印刷］ボタンは、画面に表示された情報を紙に印刷出力する機能です。

　このように、人が直接知覚できるプログラムの表示や動きを、本書では「プログラムの外観」と呼びます。

● 印刷出力の例

個人情報リスト			発行日：2016年4月1日	
氏名	野々原　マイミ　（　女　）		年齢	24歳
メールアドレス	maimi@xxxxxxxxxx.co.jp			
住所	東京都中央区日本橋2-7-1東京日本橋タワー			
電話番号	03-xxxx-xxxx	FAX	03-xxxx-xxxx	
携帯電話	090-xxxx-xxxx			

　プログラムの外観を考える場合は、入力と出力に分けると理解しやすいです。多くのプログラムでは、ディスプレイ画面で視覚情報の入出力を行い、マイクとスピーカーで音声情報の入出力を行い、プリンターとスキャナーで印刷とスキャンの入出力を行います。

　そこで、実際のプログラムづくりでは、どのような画面で情報を入出力するのか、紙に出力する場合はどのようなレイアウトにするのかなど、必要なフィールドの情報やボタンの機能などを最初に洗い出します。そして、それらのフィールドや機能を、画面や紙面上でどのように表示させるかを検討します。

プログラムの外観から情報の入力と出力を考える

　簡易電卓のプログラムづくりに話を戻しましょう。
　プログラムの外側からの簡易電卓の動きを考えて、プログラム作成シートの「プログラムの外観」に、プログラムの入力と出力の動きを書き込みます。

　まずは入力の動きを考えます。
　卓上電卓を考えると、電卓にはどのような情報が入力されるでしょうか。
　卓上電卓での2つの数字の計算は、次の流れになります。

> 電卓の計算の流れ

① １つめの数を入力する
　　　　⇩
②［＋］［－］［×］［÷］のいずれかのボタンを押す
　　　　⇩
③ ２つめの数を入力する
　　　　⇩
④［＝］ボタンを押す
　　　　⇩
⑤ 計算結果が表示される

　この流れでは、コンピュータに入力する情報として、２つの数と「＋」「－」「×」「÷」の符号、そして「＝」を使います。
　ここで、「＝」はどのような役割をするのでしょうか？
　［＝］ボタンを押せば計算結果が表示されるので、［＝］ボタンにはコンピュータへ「数字と符号を使って計算しなさい」と指示する役割があるのです。
　ここまでを踏まえて、簡易電卓の入力のルールを１つずつ書き出します。

> 簡易電卓の入力のルール

入力①「１つめの数が入力できること」
入力②「四則演算の符号『＋』『－』『×』『÷』が入力できること」
入力③「２つめの数が入力できること」
入力④「『＝』を入力すると、２つの数と符号で四則演算すること」

　この電卓の入力の動きをプログラム作成シートの「プログラムの外観」に記入しましょう。

●入力を記入したプログラムの外観

手順	項目	内容	確認
0-1	入力	1つめの数字が入力できる	
0-2	入力	四則演算の符号（＋－×÷）が入力できる	
0-3	入力	2つめの数字が入力できる	
0-4	入力	「＝」を入力すると、2つの数字で四則演算する	

　次は電卓の出力の動きを考えます。ここでも卓上電卓をイメージしましょう。

「1つめの数」→「＋」「－」「×」「÷」（4つのどれか）→「2つめの数」→「＝」

　これらの入力情報をコンピュータに計算させて、計算結果をフィールドに出力（表示）させます。「プログラムの外観」に出力の項目を追加します。

●出力を追加したプログラムの外観

手順	項目	内容	確認
0-1	入力	1つめの数字が入力できる	
0-2	入力	四則演算の符号（＋－×÷）が入力できる	
0-3	入力	2つめの数字が入力できる	
0-4	入力	「＝」を入力すると、2つの数字で四則演算する	
0-5	出力	計算結果を出力する	

「マイミさん、プログラムの外観のイメージはできましたか？」

「うん……。実際に自分が電卓を使っている時の動きを考えればいいんだよね」

「マイミさん、そのとおり！」

画面レイアウトと画面のルール

プログラムの外観ができたら、紙とペンを使って、具体的な画面のイメージをつくりましょう。……とその前に、大切な決まりごとが2つあります。

画面のルール
ルール①「プログラムで『実現すること』ができる画面をつくる」
ルール②「プログラムで『実現すること』以外はできない画面をつくる」

ルール①はプログラムで実現すれば表示される画面です。特に問題はありませんね。しかし、ルール②はどういうことでしょうか？
このルール②の謎解きをしながら、画面づくりを順番に見ていきましょう。
簡易電卓で実現するのは、「四則演算の符号（＋－×÷）を1回使って計算できる電卓」です。これを一般的な電卓のイメージで考えます。

●一般的な電卓のイメージ

このイメージでは「数字ボタン」「符号ボタン」「［＝］ボタン」を画面に配置して、計算時にはそれぞれのボタンを押して入力します。
たとえば、123と456を足し算する場合は、

[1]→[2]→[3]→[+]→[4]→[5]→[6]→[=]

の順にボタンを押せば、電卓上部のディスプレイに答えが出力されます。

　そこで、ルール①の「実現することができる」画面になったかを確認します。「四則演算の符号を１回使って計算できる電卓」の画面になっていますね。
　次に、ルール②の検討です。「実現すること以外はできない」画面とは、つまり「指定の動作以外の動作を禁止する」という意味です。
　これを電卓で考えると、「四則演算の符号を１回使って」は、つまり、「**四則演算の符号を２回以上使って計算できてはいけない**」という意味であり、同時に「**数を３回以上使って計算できてはいけない**」ということも意味します。
　それでは先ほどの電卓のイメージでは、次の計算ができるでしょうか？

「１２３＋４５６＋７８９」

　この計算式では符号が２回、数は３つ使われていますが、何度も押せる［＋］ボタンがあるので計算できてしまいます。禁止された動作ができるので、この画面は実現したい電卓の画面には適していません。
　「できることが増えても別にかまわないのではないか？」と思う人もいるかもしれません。しかし、予定外の動きを認めると、プログラムが正しく動かないことだけでなく、別のプログラムがつくったデータを破壊する危険も出てきます。プログラムが複雑になればなるほど、このような危険が増すため、最初の想定以外の動きをさせないルール②が必要なのです。

画面のイメージを修正する

　それでは、ルール②を満たすように、電卓のイメージを手直しします。
　最初のイメージでは何度でも押せるボタンがありましたが、今度は、符号

は1回だけ、数は2つまでしか入力できないように修正しました。

●四則演算の符号を1回使って計算できる簡易電卓

　このイメージでは、思い切ってほとんどのボタン表示をやめてしまい、符号や数字を利用者が直接入力する形にしました。

　2つのルールを確認しましょう。このイメージで、ルール①の「実現することができる画面」になったでしょうか？

　「四則演算の符号を1回使って計算できる簡易電卓」になっていますね。それぞれの数字のフィールドに正しく数を入力し、符号フィールドにも正しく符号を入力して、最後に［＝］ボタンを押せば、四則演算の符号を1回使って計算できます。

　次にルール②の「実現すること以外はできない」画面になったでしょうか？

　3つ以上の数や2つ以上の符号の入力はできないので、これも問題ありません。正しい数字と符号の入力が必要ですが、ルール②も満たしています。

　このイメージでルール①とルール②の両立ができました。

　ただし、このイメージにもまだ弱点があります。

　このイメージでは、数や符号のフィールドに誤った文字を入力するとエラーになってしまいます。各フィールドには正しい数字や符号だけを入力させたいですね。

　そこで、次のようなレイアウトに変えてみます。

●数字や符号以外の入力ができない画面

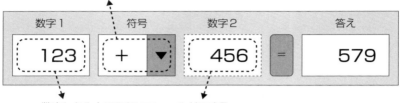

　見ためはわかりにくいですが、数を入力するフィールドでExcelの入力規則という機能を使って、数字以外は入力できないように制限しました。

　また、符号を入力するフィールドには、あらかじめ用意した選択肢のみを表示する「リスト表示」を使い、符号以外は入力できないようにしました。

　これらの機能を盛り込んで、数や符号が正しく入力できるようになりました。

　それでは、これらの条件をプログラム作成シートに書き足しておきましょう（太字が書き足した部分です）。

● 「プログラムの外観」

手順	項目	内　容	確認
0-1	入力	1つめの数字が入力できる（**数字以外の情報を入力不可にする**）	
0-2	入力	四則演算の符号（＋－×÷）が入力できる（**符号以外の情報を入力不可にする**）	
0-3	入力	2つめの数字が入力できる（**数字以外の情報を入力不可にする**）	
0-4	入力	「＝」を入力すると、2つの数字で四則演算する	
0-5	出力	計算結果を出力する	

第3章 ▶ プログラムの動きとつくる手順を考えよう

これでプログラム作成シートの「プログラムの外観」が完成しました。
このプログラム作成シートにもとづいて画面レイアウトを描いておきます。

●完成した簡易電卓の図

これで簡易電卓の画面レイアウトが決まりました。
次はこの画面がプログラムの内部でどのように動くのかを考えます。

「プログラミングで『実現すること』以外はできない画面ってどう考えればいいの？」

「その画面で考えられる動きをすべて洗い出してみるとわかりますよ。頭をまっさらにして考えてみてください」

「頭をまっさらにしたら、何も考えられなくなっちゃうよ（汗）」

「マイミさん、頭をまっさらにしすぎです……」

145

04 準備③「プログラムの内観」を決める

プログラムの内部の動きを考える

　プログラムの動きを外観から見てきましたが、今度はプログラムの内部の動きを考えます。プログラムの内部とは、人には見えない計算や動きのことです。

　たとえば、電卓の［＝］ボタンを押すと、入力された数字と符号を計算して答えを導き出しますが、利用者は直接にはこの内部の動きを確認できません。

　一方で、プログラムづくりでは内部の動きを考える必要があります。

　このプログラムの内部の動きとは、実はすでにあなたもご存知のはずの「アルゴリズム」のことです。前章でお話ししたアルゴリズムとは、プログラムの内部の動きのことだったのです。

　アルゴリズムでは「入力」「出力」「演算」「条件つき実行」「繰り返し」といったプログラムの5つの動かし方の順番を決めていました。ここでもう一度、前章で紹介した四則演算のアルゴリズムを確認します。

簡易電卓の四則演算のアルゴリズム

①（入力）1つめの数を入力して、コンピュータの中に記憶する
　　　⇩
②（入力）符号を入力して、記憶する
　　　⇩
③（入力）2つめの数を入力して、記憶する

④（入力）「＝」を入力して、記憶する
　　　　⇩
⑤（条件つき実行）符合が「＋」の場合は、⑥の処理を実行する。そうでなければ⑥ではなく、⑦の処理を実行する
　　　　⇩
⑥（演算）１つめの数と２つめの数を足し算して、計算結果を記憶する
　　　　⇩
⑦（条件つき実行）符合が「－」の場合は、⑧の処理を実行する。そうでなければ、⑨の処理を実行する
　　　　⇩
⑧（演算）１つめの数から２つめの数を引き算して、計算結果を記憶する
　　　　⇩
⑨（条件つき実行）符合が「×」の場合は、⑩の処理を実行する。そうでなければ⑪の処理を実行する
　　　　⇩
⑩（演算）１つめの数と２つめの数を掛け算して、計算結果を記憶する
　　　　⇩
⑪（条件つき実行）符合が「÷」の場合は、⑫の処理を実行する。そうでなければ⑬の処理を実行する
　　　　⇩
⑫（演算）１つめの数と２つめの数を割り算して、計算結果を記憶する
　　　　⇩
⑬（出力）計算結果を画面に出力する

　このアルゴリズムどおりにプログラミングをすれば、コンピュータの内部で四則演算ができるようになります。プログラム作成シートの「プログラムの内観」にこの内容を記入しましょう。

●アルゴリズムを記入したプログラムの内観

手順	項目	内容	確認
I-1	入力	1つめの数字を入力して、コンピュータに記憶する	
I-2	入力	符号を入力して、コンピュータに記憶する	
I-3	入力	2つめの数字を入力して、記憶する	
I-4	入力	「＝」を入力して、記憶する	
I-5	条件つき実行	符合が「＋」の場合、I-6の処理を実行する。そうでなければI-7の処理を実行する	
I-6	演算	1つめの数と2つめの数を足し算し、計算結果を記憶する	
I-7	条件つき実行	符合が「－」の場合、I-8の処理を実行する。そうでなければI-9の処理を実行する	
I-8	演算	1つめの数字と2つめの数字を引き算し、計算結果を記憶する	
I-9	条件つき実行	符合が「×」の場合、I-10の処理を実行する。そうでなければI-11の処理を実行する	
I-10	演算	1つめの数字と2つめの数字を掛け算し、計算結果を記憶する	
I-11	条件つき実行	符合が「÷」の場合、I-12の処理を実行する。そうでなければI-13の処理を実行する	
I-12	演算	1つめの数字と2つめの数字を割り算し、計算結果を記憶する	
I-13	出力	計算結果を画面に出力する	

　プログラム作成シートの記入ができたら、次はフローチャートを描きます。位置関係に多少ずれがあっても、全体の流れが矛盾していなければ問題はありません。

「フローチャートってうまく書けないなぁ」

「フローチャートは矢印がどこにつながっているかをイメージしながら書くと書きやすいですよ」

「なるほど～」

第3章 ▶ プログラムの動きとつくる手順を考えよう

●簡易電卓のフローチャート

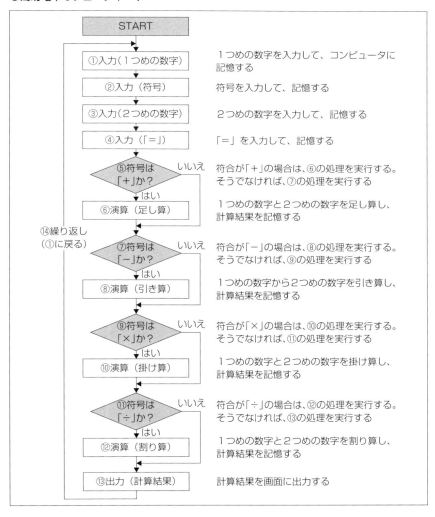

アルゴリズムを見直そう

　これでプログラムの内部の動きができました。
　さっそくプログラミングの実践へ……といいたいところですが、その前に1つ確認しておくことがあります。
　先ほどのフローチャートをもう一度見てください。
　このフローチャートには、無駄な動きをする部分がないでしょうか？

　試しに、「＋」を入力した計算を考えます。
　符号が「＋」の場合、⑤「条件つき実行」の符号が［＋］なので、⑥「演算」で足し算を行い、さらに処理が移動します。
　そして、⑦「条件つき実行」で、符号が「－」かどうかを判断しています。
　さらに、⑨「条件つき実行」で、符号が「×」かどうかを判断しています。
　さらに、⑪「条件つき実行」で、符号が「÷」かどうかを判断しています。
　しかし、最初に入力する符号が［＋］とわかれば、それ以降の条件つき実行は不要です。そこで、次のようにアルゴリズムを直します。

修正したアルゴリズム
① （入力）1つめの数字を入力して、コンピュータの中に記憶する
　　　　⇩
② （入力）符号を入力して、記憶する
　　　　⇩
③ （入力）2つめの数字を入力して、記憶する
　　　　⇩
④ （入力）「＝」を入力して、記憶する
　　　　⇩
⑤ （条件つき実行）符合が「＋」の場合、⑥の処理を実行する。そうでなければ、⑦の処理を実行する
　　　　⇩

⑥（演算）１つめの数字と２つめの数字を足し算して、計算結果を記憶する。その後、⑫の処理を実行する

⇩

⑦（条件つき実行）符合が「−」の場合、⑧の処理を実行する。そうでなければ、⑨の処理を実行する

⇩

⑧（演算）１つめの数字から２つめの数字を引き算して、計算結果を記憶する。その後、⑫の処理を実行する

⇩

⑨（条件つき実行）符合が「×」の場合、⑩の処理を実行する。そうでなければ、⑪の処理を実行する

⇩

⑩（演算）１つめの数字と２つめの数字を掛け算して、コンピュータの中に計算結果を記憶する。その後、⑫の処理を実行する

⇩

⑪（演算）１つめの数字と２つめの数字を割り算して、コンピュータの中に計算結果を記憶する

⇩

⑫（出力）計算結果を画面に出力する

　このアルゴリズムの修正で大きく変わった点が２つあります。
　１つは、⑥足し算、⑧引き算、⑩掛け算でそれぞれの演算が終わると、以降の演算を飛ばして⑫計算結果の出力へ移動するようにした点です。
　もう１つは、符号「÷」の条件つき実行を削除した点です。なぜなら、簡易電卓で入力される符号は「＋」「−」「×」「÷」の４つだけだからです。足し算でもなく、引き算でもなく、掛け算でもなければ、残るは割り算しかありえないので、最後の条件つき実行を削除しました。
　このようにアルゴリズムを変更したので、プログラム作成シートのプログラムの内観を書き直します（太字が書き足した部分です）。

●修正したプログラムの内観

手順	項目	内容	確認
I-1	入力	1つめの数字を入力して、コンピュータに記憶する	
I-2	入力	符号を入力して、記憶する	
I-3	入力	2つめの数字を入力して、記憶する	
I-4	入力	「＝」を入力して、記憶する	
I-5	条件つき実行	符号が「＋」の場合、I-6の処理を実行する。そうでなければ、I-7の処理を実行する	
I-6	演算	1つめの数字と2つめの数字を足し算し、計算結果を記憶する。**その後、I-12の処理を実行する**	
I-7	条件つき実行	符号が「−」の場合、I-8の処理を実行する。そうでなければ、I-9の処理を実行する	
I-8	演算	1つめの数字と2つめの数字を引き算し、計算結果を記憶する。**その後、I-12の処理を実行する**	
I-9	条件つき実行	符号が「×」の場合、I-10の処理を実行する。そうでなければ、I-11の処理を実行する	
I-10	演算	1つめの数字と2つめの数字を掛け算し、計算結果を記憶する。**その後、I-12の処理を実行する**	
I-11	演算	1つめの数字と2つめの数字を割り算し、計算結果を記憶する	
I-12	出力	計算結果を画面に出力する	

第3章 ▶ プログラムの動きとつくる手順を考えよう

フローチャートをつくる

ここまでをフローチャートで表すとどのようになるか、実際に描いてみます。

●修正した四則演算のフローチャート

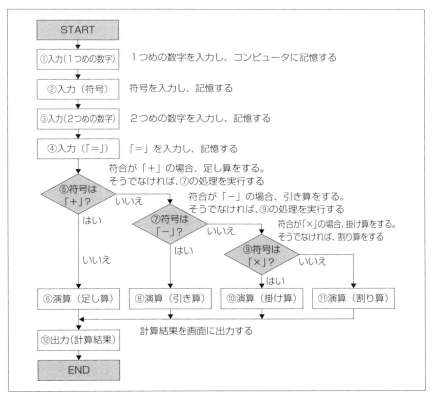

フローチャートではさまざまな表現方法がありますが、プログラム作成シートの「プログラムの内観」を表したものであれば大丈夫です。まずは細かなルールは気にせずに、フローチャートを描く習慣を身につけましょう。

なぜ、アルゴリズムを見直すのか？

　前章のフローチャートと修正したフローチャートを見くらべると、修正後のフローチャートでは無駄な動きがなくなりました。
　どちらのフローチャートも簡易電卓としての動きに変わりはなく、同じ動きをするので、人間はその違いを知覚できません。
　では、なぜ無駄な動きを直したのかというと、無駄な動きに邪魔されて、期待した動作をしなくなる危険があるからです。
　たとえば、「＋」を入力したのが明らかなのに、それ以降の符号を判断させれば余計な処理が増えます。その結果、ミスにつながるおそれが高くなります。そのため、実際はできるだけ無駄のないフローチャートづくりを心がける必要があります。今はプログラミングを学ぶ段階なので、あまり神経質に見直す必要はありませんが、アルゴリズムの見直しも大切だと覚えておいてください。

　この章では、プログラムで実現させたいことを明らかにし、プログラムの外部から見た動きと、内部の動きを考えてきました。いよいよ次の章から実際のプログラミングに挑戦します。
　これからマイミたちもプログラミングに挑戦するようですが、どのようにプログラミングをするのか、一緒に見てみましょう！

第4章
プログラミングをしよう

- I プログラミングに挑戦しよう
- II プログラムの動きを確かめよう
- III プログラムをメンテナンスしよう

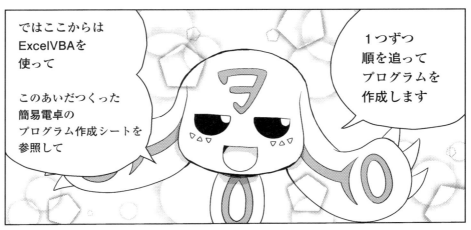

実際に
マイミさんが
これから行いたい
プログラミング

それはとても
多種多様に
なっていくと
思います

けれど
その一番大事な基本は
この簡易電卓の
プログラムに全部
入っています

ここに
……

え……

I
プログラミングに挑戦しよう

　この章からいよいよプログラミングを行います。プログラミングというとむずかしそうですが、ここではプログラミングの概要を理解することが目的ですので、細かな部分までは理解しようとしなくても大丈夫です。マイミとエニアがプログラミングするのを近くで眺めるように「ふんふん、そんなことをするのか」といった気持ちで読み進めてください。

　本書で使うプログラミング言語は「Excel VBA」で、統合開発環境はVBE（Visual Basic Editor）です。まずはVBEの簡単な紹介とプログラミングの流れをお話ししてから実際のプログラミングに取り掛かります。

私とマイミさんが
プログラミングを
しているのを
近くで眺めるようにして
読んでくださいね

第4章 ▶ プログラミングをしよう

Ⅰ　プログラミングに挑戦しよう

01 統合開発環境とプログラミングの流れ

統合開発環境を使ってプログラミングをする

　Excelで動くプログラムをつくるためのプログラミング言語がExcel VBAです。Excel VBAはVBEを使ってプログラミングをしますが、VBEははじめからExcelにインストールされているので、キーボードの［Alt］＋［F11］を押すといつでも呼び出せます。

　VBEの画面は大きく3つに分かれています。画面右に「コードウィンドウ」、左上に「プロジェクトエクスプローラ」、左下に「プロパティウィンドウ」が配置されています（表示されない場合、コードウィンドウは［F7］、プロジェクトエクスプローラは［Ctrl］＋［R］、プロパティウィンドウは［F4］を押すと表示されます）。

　コードウィンドウでは、プログラミング言語のソースコードが表示されていて、プログラムの命令文の記述や修正ができます。みなさんが想像するような英語の呪文のような文が表示される場所です。

　プロジェクトエクスプローラでは、Excel内のさまざまな情報を階層表示します。

　プロパティウィンドウは、プログラムのパーツや部品の情報を設定したり表示したりする場所です。ここで変数の値（プロパティ）が確認できます。変数は数字や文字などが入る箱のようなものです。

　その他にも細かな決まりや表記があるのですが、今の段階ではおおまかに理解してもらえば大丈夫です。

●VBEの画面（足し算マクロ）

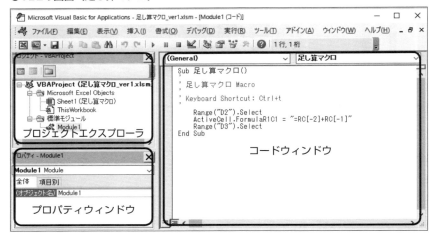

プログラミングの流れ

　VBAのプログラミングでは、ある程度決まった流れがあり、①フォームをつくり、②プログラミングをして、③デバッグを行い、プログラムを完成させます。そして、④メンテナンスをしてプログラムを改良します。

　まず、①のフォームづくりでは、プログラムで使うウィンドウやボタンなどのパーツを配置して、プログラムの外見をつくります。

　次に②のプログラミングでは、実際に動作させるためにプログラムをつくります。

　そして③デバッグでは、動作確認と修正を行ってプログラムを完成させます。

　その後、必要に応じて④メンテナンスでプログラムの改良を行います。

　これからこの流れに沿って、プログラミングを行っていきます。

第4章 ▶ プログラミングをしよう

Ⅰ　プログラミングに挑戦しよう

02 簡易電卓をプログラミングしよう

簡易電卓のプログラミングの流れ

　ここからは実際に簡易電卓をプログラミングしますが、まずはプログラミングの流れを紹介して、それにしたがってプログラミングをしていきます。
　最初に、簡易電卓のフォームをつくり、数字を入力するテキストボックスや計算を始めるボタンなどを設置します。次にそれぞれの部品について、プログラムの外観と内観の処理を考えてプログラミングを進めます。
　これらは下の図に示したように、第3章で作成した「プログラム作成シート」にならってつくっていきます。

●簡易電卓のプログラミングの流れ

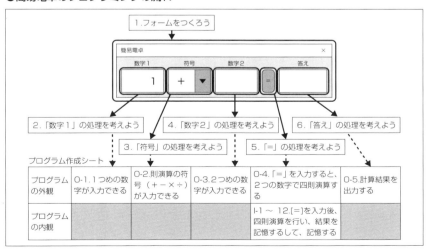

167

簡易電卓の外見（フォーム）をつくる

　簡易電卓のように操作する外見がある場合は、フォームからつくるとプログラミングをしやすくなります。フォームをつくればプログラムの動きもイメージしやすくなるからです。
　第3章でつくった簡易電卓のイメージは次のようなものです。これをもとに簡易電卓のフォームをつくります。

●簡易電卓のイメージ画

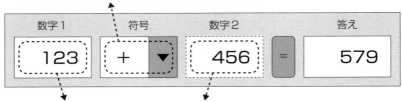

　さっそくVBEでフォーム作成の画面を立ち上げると、「Userform 1」と書かれているウィンドウが表示されます。立ち上げたばかりなのでドット以外は何も表示されませんが、これがこれから使うフォームです（このドットは、ボタンやリストなどの配置時のめやすで、プログラム実行時には表示されません）。

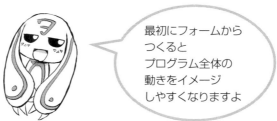

第4章 ▶ プログラミングをしよう

●初期状態のフォーム

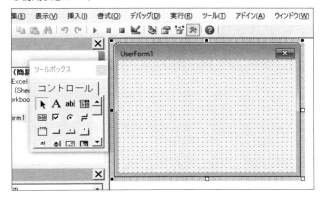

このフォームに「ツールボックス」から必要なコントロールを選んで設置します。

●フォーム名を「簡易電卓」に変更

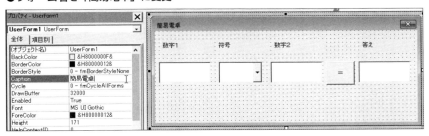

これでフォームにコントロールを表示できました。レイアウトの微調整は後でも行えるので先に進みましょう。

I　プログラミングに挑戦しよう

03 入力処理をプログラミングする①

「数字1」の処理をプログラミングする

　ここからは、フォームに設置したコントロールの処理を1つずつ考えますが、プログラム作成シートの「プログラムの外観」→「プログラムの内観」の順で処理を考えます。
　まずは、「数字1」の「プログラムの外観」を見ます。

●プログラム作成シート「プログラムの外観」

手順	項目	内容
0-1	入力	1つめの数字が入力できること（数字以外の情報を入力不可にする）。

　1つめの数字はテキストボックス（TextBox1）に入ります。電卓なのでテキストボックスには半角数字を入力させるようにプログラミングをします。テキストボックスに半角数字のみを入力させる条件は次のとおりです。

入力ルール①「キーボード入力した文字を、変換せずにテキストボックスに
　　　　　　　表示する」
入力ルール②「半角数字と異なる文字入力があれば、テキストボックスに何
　　　　　　　も表示しない」

　それでは、入力ルール①から見ましょう。キーボードで日本語入力するシーンを思い浮かべてください。[w][a][t][a][s][i]とキー入力すると、

「わたし」と変換され、さらにスペースキーを押すと「私」と漢字変換しますが、これはIMEという文字入力用のプログラムが働くからです。

電卓で半角数字の入力に限定するには、このIMEが動かないようにします。プロパティウィンドウの［IMEMode］という項目で［3-fmIMEMode Disable］（IMEをオフにする）を選択すれば、文字変換機能を停止できます。

●文字変換の停止（テキストボックス1）

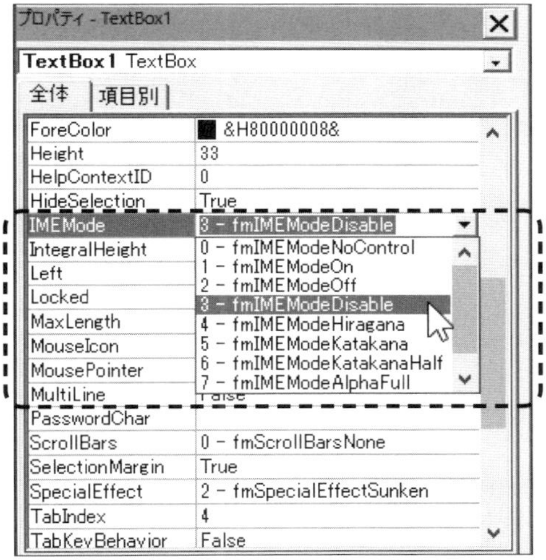

単なるパソコンの設定のようにも見えますが、これも立派なプログラミングです。

次に、数字以外が入力されると、テキストボックスには何も表示されないようにします。これはプロパティでは設定できないので、次のようなプログラムが必要です。

数字だけの入力を受け付けるプログラム
　ルール①「テキストボックスに入力されたのが何かを判断する」
　ルール②「半角数字以外ならテキストボックスに表示しない」

この流れのプログラムをコードウィンドウに書きます。フォームのテキストボックス（TextBox1）をダブルクリックすればコードウィンドウに該当箇所が表示されるので、そこにこれから数字入力のプログラムのコードを書きます。

文字入力をきっかけにプログラムを動かす

ところで、このプログラムは文字入力時に動作を開始します。このような、ある動作をきっかけにプログラムが動くしくみを、VBAでは「イベント」と呼びます。イベントには「ダブルクリックで動くイベント」、「文字変更で動くイベント」などがあります。ここではキー入力をきっかけに数字入力のプログラムを動かしたいので、キー入力時に動き始める［KeyPress］（キープレス）というイベントを使います。ちなみにこのイベントは、「トリガー」とも呼ばれます。トリガーは「引き金」という意味なので、どのような働きをするのか想像できますね。

●KeyPressイベントのソースコード

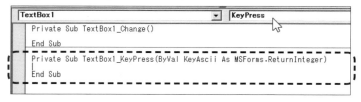

情報を保存する「変数」を使う

［KeyPress］イベントにはKeyAscii（キーアスキー）という変数が用意されています。この「変数」とは、入力時や計算時に数字や文字などの情報を入れておく箱のようなもので、KeyAsciiはキー入力時の情報が入っている箱だと思ってください。

簡易電卓でキー入力された情報、つまり、KeyAsciiの情報が数字かそれ

以外かどうかを判断することができれば、テキストボックスの表示や非表示を決めることができそうです。

「○○ならば〜」という条件を使う「IF命令文」

KeyAsciiの情報を判断するには、「IF命令文」という命令を使います。

IF（イフ）は「もし〜」や「仮に〜」という意味で、「もし、入力された文字が数字なら〜」という形で使います。IF命令文は次のように書きます。

```
IF　ここに条件式を書く　Then
　　　ここに条件式と合う場合の処理を書く
Else（→Elseは「条件と合わなければ」という意味で省略も可能）
　　　ここに条件式と合わない場合の処理を書く
End IF　（→「IF命令文の終わり」という意味）
```

なんとなくIF命令文の流れがわかったでしょうか。今はテキストボックスにキー入力がすべて表示されるので、このIF命令文を使って、数字以外を表示させない命令文をつくります。

```
IF　もし、KeyAsciiが数字以外の場合　Then
　　　テキストボックスに文字を表示させない
End IF
```

ここでは「条件と合わなければ」のElse（エルス）がありませんが、ここで本来Elseに入る条件は「KeyAsciiが数字の場合」なので、ここでは何も処理を入れる必要がありません。したがって、Elseは省略して問題ありません。

キー入力された変数KeyAsciiと「アスキーコード」

次に「KeyAsciiが数字以外の場合」から具体的な命令文をつくりますが、ここで問題があります。KeyAsciiにはキー入力された情報が入りますが、

KeyAsciiに実際に入力されるのは入力された文字や数字それ自体ではなく、「アスキーコード」という数値が入るのです。コンピュータでは、文字も数字も記号も、すべて数値化されて扱われているのです。

たとえばaには97という値が、bなら98、cには99などと、それぞれアスキーコードという数値が割り振られています。数字のアスキーコードを次に紹介しますが、数字に数値が割り振られるのは奇妙に感じるかもしれません。しかし、すべての文字、数字、記号にアスキーコードは割り振られて、コンピュータで扱われているのです。

●**数字とアスキーコード**

数字	0	1	2	3	4	5	6	7	8	9
アスキーコード	48	49	50	51	52	53	54	55	56	57

「Asc関数」でアスキーコードを調べる

これらのアスキーコードを調べるには、「Asc関数」という関数を使います。関数とは、何かの値を渡すと決まった処理をして結果を返す小さなプログラムのことです。Asc関数の書き方はとても簡単で、「Asc("調べたい文字")」と記述すれば、対応するアスキーコードが返答されます。

Asc関数を使った書き方のパターンを紹介します。なお、右側のコメントは筆者の補足説明ですが、このAsc関数を使えば、いちいちアスキーコードの値を調べる必要がなくなります。

```
KeyAscii=Asc("9")      「KeyAsciiに9が入っている場合」
KeyAscii<>Asc("9")     「KeyAsciiが9ではない場合」
KeyAscii>Asc("9")      「KeyAsciiが9より大きい場合」
KeyAscii<Asc("9")      「KeyAsciiが9より小さい場合」
KeyAscii>=Asc("9")     「KeyAsciiが9以上の場合」
KeyAscii<=Asc("9")     「KeyAsciiが9以下の場合」
```

記号＝は「両辺が等しい」、記号<>は「〜ではない」を表現します。

記号＞は「右の数より大きい」、記号＜は「右の数より小さい」を表現します。

記号＞＝は「右の数以上」、記号＜＝は「右の数以下」を表現します。

複数の条件をつなげて数字かそうでないかを判断する

IF命令文では、複数の条件式をつなげることもできます。

「〜and〜」（〜かつ〜）として2つの条件を満たす条件にすることや、「〜or〜」（〜または〜）としていずれかの条件を満たす条件にしたりできます。

たとえばキー入力された数字を表す「KeyAsciiが0以上、かつ、9以下の場合」という条件の場合は、「KeyAscii>=Asc("0") and KeyAscii<=Asc("9")」と表現します。

簡易電卓では数字以外のキー入力の場合に非表示にするので、数字以外の文字である「KeyAsciiが0未満、または、9より大きい場合」という条件は、「KeyAscii<Asc("0") or KeyAscii>Asc("9")」と表現します。

日常に「0未満」という表現はないので違和感がありますが、アスキーコードで考えるとわかりやすくなります。「KeyAsciiが**アスキーコードの48未満、または、57より大きい場合**」と考えれば数字以外の文字とわかります。この条件式をIF命令文に入れます。

```
IF KeyAscii<Asc("0") or KeyAscii>Asc("9") Then
    「テキストボックスに文字を表示しない」という処理をする
End IF
```

数字以外はテキストボックスに文字を表示させない

次は「テキストボックスに文字を表示させない」、つまり非表示を考えます。この非表示は「KeyAscii=0」と書きます。

ここでの注意点は、Asc関数を使わず、KeyAsciiが数値の0になることです。「KeyAscii＝0」と「KeyAscii＝Asc("0")」ではまったく異なります。KeyAscii＝0は非表示ですが、Asc("0")では数字0に対応したアスキーコード「48」を設定して、テキストボックスに「0」を表示するので注意します。この非表示を表す「KeyAscii＝0」をIF命令文に入れます。
　これで「数字以外の文字を非表示にする」というソースコードが書けました。

● [KeyPress] イベントのプログラミング（TextBox 1）

```
Private Sub TextBox1_KeyPress(ByVal KeyAscii As MSForms.ReturnInteger)
    '数字以外が入力されたテキストボックスに表示させない
    If KeyAscii < Asc("0") Or KeyAscii > Asc("9") Then
        KeyAscii = 0
    End If
End Sub

Private Sub TextBox2_Change()
```

入力できる数字の桁数を制限する

　ところで、このテキストボックスにはどれくらいまで数字を入力できるでしょうか。
　試しに数字を入力してみると……

● 入力できる文字数の確認

　なんと、いくらでも数字が入力できてしまいます！
　無制限に数字が入力できると、コンピュータが計算できる数を超えてしまうかもしれませんので、あらかじめ入力できる桁数を決めておきます。簡易

電卓ですから膨大な数字は不要なので、入力は5桁までに制限します。

　テキストボックスで入力できる最大桁数は、プロパティウィンドウの［MaxLength］プロパティで設定します。変更前の［MaxLength］の値は0（桁数制限なし）なので、「5」に変更します。これでテキストボックス1が5桁までの数字入力に制限されました。

●テキストボックス1（数字1）の最大桁数［MaxLength］の変更

●テキストボックス1（数字1）に入力できる最大桁数が5桁になった

04 入力処理をプログラミングする②

四則演算の符号の処理を考える

次は四則演算の符号の処理を考えます。プログラム作成シートの「プログラムの外観」はこのようになっていました。

●プログラム作成シート「プログラムの外観」

手順	項目	内　容
0-2	入力	四則演算の符号（＋－×÷）が入力できること（符号以外の情報を入力不可にする）。

簡易電卓では、コンボボックスというコントロールを使って「＋」「－」「×」「÷」のどれかの符号を選べるようにします。VBAではこの設定に［AddItem］という命令（［AddItem］メソッド）を使います（ちなみにaddは「追加する」という意味です）。具体的には、「＋」では「ComboBox1.AddItem "+"」、「－」では「ComboBox1.AddItem "-"」と書いて命令します。

これをコンボボックスで表示したい順番で次のようにソースコードに書くと、その順番で四則演算が表示されます。

```
ComboBox1.AddItem "+"
ComboBox1.AddItem "-"
ComboBox1.AddItem "×"
ComboBox1.AddItem "÷"
```

繰り返しの処理を簡略化する「With命令文」

ところで、ここでは何度も同じ表現が繰り返されています。

VBAではこの命令の繰り返しを簡略化するために、次の「With命令文」（Withステートメント）を使うことができます。

```
With オブジェクト名
    設定する内容１
    設定する内容２
    （以下、繰り返し……）
End With
```

「オブジェクト」とはある機能を持つひとかたまりのモノのことで「ボタン」「テキストボックス」「コンボボックス」などをイメージしてください。このWith命令文を使って命令をシンプルにします。

```
With ComboBox1
    .AddItem "＋"
    .AddItem "－"
    .AddItem "×"
    .AddItem "÷"
End With
```

繰り返しの表現が少しシンプルになりました。数が少ないとありがたみが感じられないかもしれませんが、これが数十、何百回にもなるとWith命令文は不可欠なものとなります。

起動直後に計算符号が使えるようにする

それでは、これをソースコードに入れましょう。計算符号はプログラムの

起動直後から使うため、フォームを起動するタイミングで動かします。これは、[UserForm] オブジェクトの [Initialize] イベントに設定します。[Initialize] イベントは初期処理と呼ばれ、フォーム起動時にコンボボックスの値や変数の値を設定する場合に使います。ここにコンボボックスの設定する内容を書きます。

● [Initialize] イベントのプログラミング

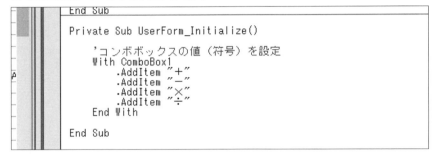

```
End Sub

Private Sub UserForm_Initialize()
    'コンボボックスの値（符号）を設定
    With ComboBox1
        .AddItem "＋"
        .AddItem "－"
        .AddItem "×"
        .AddItem "÷"
    End With
End Sub
```

コンボボックスに数字だけが入力できるようにする

これで符号の選択ができました。しかし、まだ問題があります。

このままだとコンボボックスに余計な文字や数字が直接入力できてしまうのです。

● コンボボックス（符号）に文字入力ができてしまう

そこで、コンボボックスを完全な選択制にして、余計な情報は入力不可に

します。また、コンボボックスではじめから［＋］を表示させれば、符号選択の手間も少し減ります。フォームの直接入力を禁止する設定は、プロパティウィンドウ内の［Style］で［2-fmStyleDropDownList］（文字の直接入力が不可になり、完全な選択制になる）を選びます。

●完全な選択制への変更（コンボボックス）

そして、最初から「＋」を表示させるためには、［プロパティウィンドウ］内の［Value］プロパティに「＋」を入力しておきます。これで符号のコンボボックスの設定が完了します。

●符号が完全な選択制になった

05 入力処理をプログラミングする③

I プログラミングに挑戦しよう

「数字2」の処理を考えよう

次は2つめの数字のテキストボックス(TextBox2)のプログラミングを考えます。

●プログラム作成シート「プログラムの外観」

手順	項目	内　容
0-3	入力	2つめの数字が入力できること(数字以外の情報を入力不可にする)。

数字1と同じ方法でプログラミングをします。[プロパティウィンドウ]内の[IMEMode]プロパティで[3-fmIMEModeDisable](IMEをオフにする)を選び、[MaxLength]プロパティを5に変更します。そして、[KeyPress]イベントにプログラミングをします。

● [KeyPress] イベントのプログラミング (TextBox2)

```
Private Sub TextBox2_KeyPress(ByVal KeyAscii As MSForms.ReturnInteger)

    '数字以外が入力されたテキストボックスに表示させない
    If KeyAscii < Asc("0") Or KeyAscii > Asc("9") Then
        KeyAscii = 0
    End If
End Sub

Private Sub UserForm_Initialize()
```

第4章 ▶ プログラミングをしよう

Ⅰ　プログラミングに挑戦しよう

06 四則演算をプログラミングする

「＝」の処理を考えよう

簡易電卓に2つの数字と符号を入れたら、最後に計算結果を求めます。プログラム作成シートの「プログラムの外観」は次のようになっていました。

●プログラム作成シート「プログラムの外観」

手順	項目	内　容
0-4	入力	「＝」が入力されると、1つめと2つめの符号で四則演算すること。

　この四則演算の処理は、プログラム作成シートの「プログラムの内観」のとおりとします。3章で作成した四則演算のフローチャートをプログラミングで表現することになるので、[＝] ボタンのクリックで処理をスタートするようにフローチャートを少し変えます。

プログラムの内観は
フローチャートに沿って
つくっていきますよ

●四則演算のフローチャート

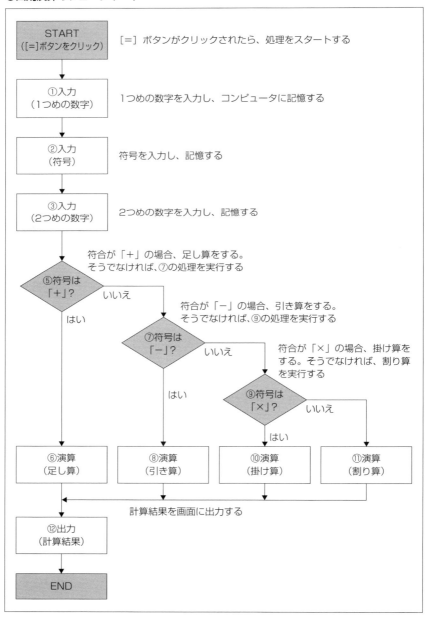

簡易電卓の各オブジェクトに変数を用意する

簡易電卓のプログラミングでは、数字や符号、計算結果の各情報を格納する4つの変数を使います。

簡易電卓で使う変数

変数名	データ型（型）	用途
num1	Long型	テキストボックス1に入っている数字（整数）を格納する変数
num2	Long型	テキストボックス2に入っている数字（整数）を格納する変数
sig	String型	符号（＋－×÷）を格納する変数
ans	Variant型	演算結果を格納し、テキストボックス3に出力するための変数

「num1」はテキストボックス1で数字を格納する変数、「num2」はテキストボックス2で数字を格納する変数、「sig」は、「＋」「－」「×」「÷」の符号を格納する変数、「ans」は演算結果をテキストボックス3に出力する変数です。

「データ型」はデータの種類のことですが、コンピュータで扱うデータには、必ず「値」と「型」がセットでついてきます。したがって、変数に入るデータの用途に応じて、それぞれの変数に「Long型」「String型」「Variant型」などの「データ型」（型）を決める必要があります。

データ型を「宣言」する

「Long型」は大きな数字も扱える整数を扱うデータ型、「String型」は文字を扱うデータ型、「Variant型」は万能なデータ型です。

これらのデータ型は、利用目的ごとに細かく選べば効率もよくなり処理速度を上げられますが、一方で、万能なVariant型にしても、一応プログラムは動きます。

今回の簡易電卓では、num1とnum2のデータ型に「Long型」を選び、sigでは文字を扱う「String型」を選び、ansには万能な「Variant型」を選びま

した。

　それぞれの変数のデータ型として使うために、「データ型の宣言」（データ型を決めること）を行います。「num1をLong型の変数」、「num2をLong型の変数」、「sigをString型の変数」、「ansをVariant型の変数」とするデータ型の宣言方法は次のようにします。

```
Dim num1 As Long      '1つめの数字が入る変数
Dim num2 As Long      '2つめの数字が入る変数
Dim sig As String     '符号が入る変数
Dim ans As Variant    '計算結果が入る変数
```

変数には必ず型があります。使う用途に合わせて型を決めましょう

それぞれの変数に情報を入力する

　次に、テキストボックス1、テキストボックス2、コンボボックスの情報を各変数に入力するように命令します。テキストボックスの情報は［Value］プロパティ内にあるので、テキストボックス1とテキストボックス2の数字をそれぞれの変数に入力するには次のように表現します。

```
num1=TextBox1.Value    'テキストボックス1の数字を変数num1に入力
num2=TextBox2.Value    'テキストボックス2の数字を変数num2に入力
```

　符号の情報は、コンボボックス（ComboBox1）の［Value］プロパティに入っています。sigにコンボボックスの符号を入力するには次のように表します。

```
sig=ComboBox1.Value     'コンボボックスの符号を変数sigに入力
```

　これらのソースコードでテキストボックス１、テキストボックス２、コンボボックスの情報がそれぞれの変数に入力されます。

> 変数は、右辺の値を左辺の変数に入力するんです！

計算符号をIF命令文で判断する

　計算符号を判断する条件つき実行をソースコードで表現します。
　まずは、次のように「＋」を判断するIF命令文を表現します。

```
IF   符号が「＋」かどうか？   Then
    「＋」ならば、ここで足し算をする
Else
    ここで符号が「－」かどうかを判断する
End IF
```

　「＋」以外の符号ではElse以下に移動させるので、他の符号の判断も必要です。そこで次に、「－」で引き算をするか、そうでない場合は「×」を判断するIF命令文をつくります。

```
IF  符号が「+」かどうか？  Then
    「+」ならば、足し算をする
Else
    IF  符号が「-」かどうか？  Then
        「-」ならば、ここで引き算をする
    Else
        符号が「×」かどうかを判断する
    End If
End IF
```

　最初のIF命令文中に、さらにIF命令文が入る少し複雑な形になりました。このような形を「入れ子構造」(ネスト)と呼びます。符号が「×」でもない場合は、割り算をするIF命令文を表現します。

```
IF  符号が「+」かどうか？  Then
    「+」ならば、ここで足し算をする
Else
    IF  符号が「-」かどうか？  Then
        「-」ならば、ここで引き算をする
    Else
        IF  符号が「×」かどうか？  Then
            「×」ならば、ここで掛け算をする
        Else
            ここで割り算をする
        End If
    End If
End IF
```

　これで、フローチャートを表現するIF命令文ができました。しかし、見るからにややこしく感じますね。そこで扱いやすく変形できる次の「IF～ElseIF命令文」を使います。

```
IF   最初の判断をする条件式   Then
     最初の条件と合えば、ここで処理をする
ElseIF   2番めの判断をする条件式   Then
     2番めの条件と合えば、ここで処理をする
Else
     2番めの条件式と合わない場合の処理をする
End IF
```

この「IF～ElseIF命令文」を使うと、入れ子構造が書きやすくなります。この「ElseIF」は制限なくつなげられ、最後のElseは省略可能です。さっそくIF～ElseIF命令文で修正します。

```
IF   符号が「+」かどうかを判断する   Then
     「+」ならば、ここで足し算をする
ElseIF   符号が「-」かどうかを判断する   Then
     「-」ならば、ここで引き算をする
ElseIF   符号が「×」かどうかを判断する   Then
     「×」ならば、ここで掛け算をする
Else
     ここで割り算をする
End IF
```

かなりすっきりしましたね。

符号から計算処理を行う条件式をつくる

ここからは計算処理を具体的な式に表現します。フローチャートの⑤+符号の条件処理、⑥足し算の処理、⑦-符号の条件処理、⑧引き算の処理、⑨×符号の条件処理、⑩掛け算の処理、⑪割り算の処理、以上をそれぞれ条件式にします。

まず、フローチャート⑤の「+符号の条件処理」からです。ここでは符号を格納する変数sigが「+」かどうかを調べます。「+」は文字として扱われ

ますが、文字は半角記号の「"」(ダブルクォーテーション)で囲って扱う決まりがあるので、sigと文字「+」が同じ場合の条件式は、「sig="+"」と表現します。

次の⑥の足し算では、ansにnum1とnum2の合計値を、半角の「+」で足し算して表現します。足し算の式は「ans=num1+num2」となります。

⑦「-」符号の条件式は「sig="-"」です。⑧の引き算は「ans=num1-num2」と表現します(引き算の演算は半角の「-」で表現します)。

⑨「×」符号は「sig="×"」、⑩掛け算の演算は「ans=num1*num2」と表現します(掛け算の演算は半角の「*」で表現します)。

⑪の割り算の「÷」は判断が不要なので、演算の式のみを「ans=num1/num2」と表現します(割り算は半角「/」で表現します)。

これで、すべての条件式や処理が表現できました。

四則計算の条件式と処理を完成させる

つくった条件式や演算処理を、IF～ElseIF命令文に記入しましょう。

```
IF  sig="+"  Then
    ans=num1+num2
ElseIF  sig="-"  Then
    ans=num1-num2
ElseIF  sig="×"  Then
    ans=num1*num2
Else
    ans=num1/num2
End IF
```

これで計算部分のソースコードができました。最後に⑫の計算結果の出力を表現します。ansに入った計算結果をテキストボックス3(TextBox3)に出力する式は次のように表現します。

```
TextBox3.Value=ans
```

　これで四則計算と出力の表現は完成です！　このプログラムは［＝］ボタンをクリックして動かすので、コマンドボタン（ボタンはこのように呼びます）のクリック時に動き始める［Click］イベントを使います。完成したソースコードを［CommandButton1］オブジェクトの［Click］イベントに書き込みます。

● ［Click］イベントのプログラミング（CommandButton1）

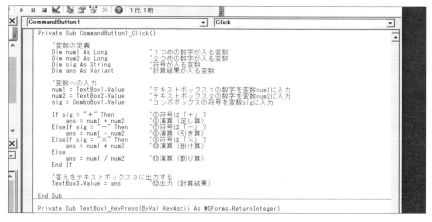

　これで四則演算ができるようになりました。

Ⅰ　プログラミングに挑戦しよう

07 計算結果を表示させるプログラミングをする

「答え」の処理を考えよう

　いよいよ、計算結果を表示するプログラミングです。
　プログラム作成シートの「プログラムの外観」は次のようになっていました。確認しましょう。

●プログラム作成シート「プログラムの外観」

手順	項目	内　容
O-5	出力	計算結果が出力されること。

　先ほどの［＝］ボタンの［Click］イベントの最後で、四則演算の答えをテキストボックス（TextBox3）に出力しました（TextBox3.Value=ans）ので、このままでも画面に計算結果は出力されます。
　このテキストボックス3は出力専用なので、余計な情報で上書きできないように入力不可にします。入力不可は、［Locked］プロパティを［True］に変更して設定します（Lockedは「ロックする」、Trueは「そのとおりに設定する」という意味です）。
　この設定をしてVBEを実行するとフォームが表示されますが、テキストボックス3には何も入力できないようになります。

●入力不可の設定

●テキストボックス3（答え）が入力不可になる

　なお、このテキストボックス3では最大桁数を設定していません。
　テキストボックス1と2は人間が入力する場所なので、対応できない数字が入力されないように最大桁数を設定しました。しかしテキストボックス3はコンピュータが計算結果を出力するだけなので、最大桁数は考慮しませんでした。

　これで簡易電卓をプログラミングする作業が終わりました！

　最後に、おさらいとして簡易電卓の全体像やしくみを図で確認してイメージしてください。

●簡易電卓のしくみ（足し算の例）

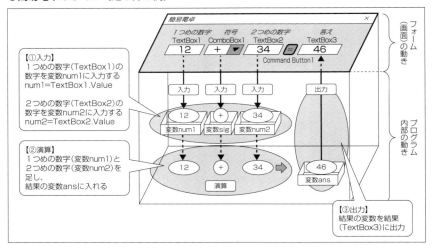

　VBAではじめてプログラミングをすると、

「この設定はプロパティウィンドウのどこを変更すればいいの？」
「この処理はどのオブジェクトのソースコードに書けばいいの？」
「この動きはどのようにプログラミングすればいいのだろう？」

　などといった疑問が沸いてきます。
　しかし、プロパティウィンドウやコントロールを暗記したり、プログラミング言語の内容を隅から隅まで覚えたりする必要はありません。こうした知識は、プログラミングをしながら少しずつ蓄えられるものなので、今はわからないことが多くても気にしないでください。
　それでは、完成したプログラムが正しく動くかどうかを確認しましょう！

COLUMN 4　こんなに便利！ExcelVBA

　本書ではExcelVBAを使ってプログラミングを説明していますが、私がはじめてExcelVBAを使ったのは、ちょっとした思いつきからでした。

　当時、仕事では別のプログラミング言語を使っていたのですが、つくったプログラムのデバッグ（次節以降を参照）をするために、たくさんのデータが必要でした。この「たくさん」の数が100件程度ならばがんばって手作業でつくったのですが、その時の数はなんと約10000件。手作業だと相当な時間がかかってしまいます。そこで、このデータを自動で生成してくれるプログラムをつくろうと思って使ったのがExcelVBAでした。

　デバッグに割り当てていた3〜4日を使って、何とか見よう見まねでExcelVBAのプログラムをつくり上げました（当時も実際にこの第1節の解説の流れでつくっています）。
　そうして、ExcelVBAのプログラムを実行すると……。なんとものの数秒で約10000件のデータができ上がったのです。その時は本当に感動しました！

　手作業と違い、プログラムでつくったデータにはミスがありません。その後、開発チームにこのプログラムのことを知らせると、皆がこぞって使ってくれました。その結果、当初予定していた開発チームの作業期間が大幅に短縮されました。この一件以来、私はすっかりExcelVBAの虜になってしまいました。

プログラムの動きを確かめよう

　プログラムができてしまえば完成！ではありません。なぜなら、できたばかりのプログラムは誤った動きをすることがほとんどで、修正をする必要があるからです。このプログラムの誤りを「バグ」と呼び、バグを取り除く作業を「デバッグ」といいます。

　このデバッグは必ず行うべき重要な作業で、ある意味、プログラミングよりも大切なものです。「システムの不具合によるサービス停止」というニュースが流れて企業のシステムや公共サービスがストップすることもありますが、これはデバッグが不完全だったために起きたようなものです。このようにデバッグが不完全だと、私たちの社会生活にも大きな影響を及ぼす場合もあるのです。

　簡易電卓でも計算を間違えてしまえば意味がありませんから、さっそくデバッグを行います。

プログラムができた後は必ずデバッグしましょうね

Ⅱ　プログラムの動きを確かめよう

08 VBEでデバッグしよう

ステップ実行でデバッグする

　簡易電卓ではVBEのデバッグ機能を使ってデバッグを行います。

　コンピュータはソースコードを先頭行から順に実行しますが、どこにバグがあるかを把握するのはたいへんです。そこで「ステップ実行」という機能を使います。

　ステップ実行は、任意の行に「ブレークポイント」という目印をつけ、そこから1行ずつ実行過程を見えるようにする機能です。たとえば、[＝]ボタンをクリックした時に動く処理の先頭にブレークポイントをつければ、そこで一度実行が止まり、以降はハイライト表示されて1行ずつ処理が見えて、最後の行まで処理を行います。

●「●」印のブレークポイントを指定したところ

●ブレークポイントまで進むと、矢印が表示されて以降は1行ずつ実行される

ローカルウィンドウで変数やプロパティの値を確認する

　ステップ実行ではプログラムの動きは見えますが、変数の変化は見えません。そこで、実行中の変数やプロパティ値を表示する「ローカルウィンドウ」の機能を使います。使い方は簡単で、ローカルウィンドウを見れば変数やフォームの情報が表示され、プログラムの動きに連動した値の変化も自動表示されます。

　たとえば「10×15」の計算では、[＝]ボタンを押した時点では、どの変数にも値がありません。しかし処理を進めるとnum1に「10」が表示され、次のnum2に「15」が表示されます。さらに処理が進むと計算結果のansに「150」が表示されます。

●計算開始時の値の表示

```
ローカル
VBAProject.UserForm1.CommandButton1_Click
式                        値                    型
⊞ Me                                            UserForm1/UserForm1
  num1                    0                     Long
  num2                    0                     Long
  sig                     ""                    String
  ans                     Empty 値              Variant/Empty
```

●num1への入力直後のステップ実行

```
      '変数への入力
      num1 = TextBox1.Value      'テキストボックス1の数字を変数num1に入力
⇨ |   num2 = TextBox2.Value      'テキストボックス2の数字を変数num2に入力
      sig = ComboBox1.Value      'コンボボックスの符号を変数sigに入力
```

●num2、「×」符号まで入力した後のローカルウィンドウの表示

```
num1                              10
num2                              15
sig                               "×"
```

●ansへの入力処理後の値

```
num2                              15
sig                               "×"
ans                               150
```

このように、ローカルウィンドウでは変数やプロパティの変化が見えるので、ステップ実行をしながら変数の動きを見れば、どこで間違ったかがわかりやすくなります。
　それでは、いよいよ簡易電卓のデバッグをしましょう！

「VBEはプログラミングをするだけじゃなく、デバッグもできるんだ。便利だねー」

「そうなんです。VBEのデバッグにはステップ実行やローカルウィンドウ以外にもまだまだ便利な機能があるんですよ」

「へぇーそうなんだ。でも、いきなりたくさんの機能は使いこなせないよぉ」

「それでいいんですよ。最初はステップ実行やローカルウィンドウを使ってデバッグをしましょう。それに慣れたら1つずつ使える機能を増やしていけばいいですよ」

「そっかぁ、ちょっと安心した。エニアって優しいね♪」

「私はいつも優しいですよ」

「いや、それはない！（キッパリ）いつもはもっと厳しい！」

「今日はマイミさんのほうが厳しいです……」

II プログラムの動きを確かめよう

09 「プログラムの内観」をデバッグする

　デバッグでは、あらかじめ決めたとおりにプログラムが正しく動くかどうかを確認します。デバッグの流れはプログラムの作成と逆の順番で、「プログラムの内観」→「プログラムの外観」→「実現すること」の順に行います。これは、エラーが出ても内観と外観のどちらが原因かを判断しづらいためです。そこで、先に内観の確認を済ませてから、外観をデバッグします。

　これから「プログラムの内観」を1つずつ確認して、正しい動きを確認したらシートの確認欄にOKと入力し、バグがあればNGと入力して原因を調べてプログラムを修正します。

　デバッグ時は、確認項目を飛ばさずに合理的にすべてを確認します。本来行うべき確認を一部でも省略するとバグが残る恐れがあるので、考えられる動作は必ず確認します。

　なお、紙面の都合上、本書では作業の一部を掲載しますが、実際にはすべてのデバッグを行っています。それでは簡易電卓の内観のデバッグを始めましょう。

内観のデバッグ（I-1）
「1つめの数字を入力して、コンピュータに記憶する」

　簡易電卓のテキストボックス1に正しい数字を入力して、変数num1への値の格納を確認します。プログラムを動かし、テキストボックス1に「123」を入力すると、num1の値も"123"になりました。1つめの数字入力（I-1）は正しく動きました。

●num1への「123」の入力直後

式	値
⊞ Me	
num1	123
num2	0
sig	""

内観のデバッグ（I-2）「符号を入力して、記憶する」

次に、コンボボックスで符号選択時に、符号の変数sigに値が入るかを確認します。符号は4つに限られるので誤りはなさそうですが、ひとつずつ確認します。プログラムを動かしローカルウィンドウでsigの値を確認すると、選択した符号とすべて一致するので、I-2も正しく動きました。

●Sigへの「＋」の入力直後（その他の符号も入力に対応して表示される）

VBAProject.UserForm1.CommandButton1_Click		
式	値	型
⊞ Me		UserForm1/UserForm1
num1	123	Long
num2	456	Long
sig	"＋"	String
ans	Empty値	Variant/Empty

内観のデバッグ（I-3）「2つめの数字を入力して、記憶する」

2つめの数字のデバッグは、1つめの数字の確認作業と同じです。テキストボックス2に「456」と入力して変数num2の値が同じになるかを確認します。テキストボックスと変数の値が同じなのが確認できるので、2つめの数字入力（I-3）も正しく動きました。

●Num2への「456」の入力直後

```
num1            123
num2            456
sig             ""
ans             Empty値
```

内観のデバッグ（I-4）「『=』を入力して、記憶する」

［=］ボタンのクリックをきっかけに四則演算が開始される、と読みかえて確認します。［=］ボタンのクリック後の動きの確認には、ステップ実行を使います。コードウィンドウを見ると［=］ボタンのクリックで四則演算の処理が始まるので、I-4も正しく動いています。

●［=］ボタンをクリックした直後

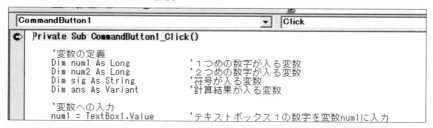

内観のデバッグ（I-5）「符号が『+』の場合、I-6（足し算）の処理を実行する。そうでなければ、I-7（それ以外）の処理を実行する」

I-5は符号の処理のデバッグです。最初に「+」選択時の足し算（I-6）の確認をします。「+」以外はI-7に移動し、処理を実行します。

ここでは［=］ボタンのクリック時の冒頭行にブレークポイントを置き、ステップ実行します。「+」選択時には足し算（ans=num1+num2）の行に進みます。「+」以外の選択時は、「−」の判断（ElseIf sig="−" Then）に進みますので、I-5の正しい動きを確認できます。

第4章 ▶ プログラミングをしよう

●符号が「+」の処理

```
If sig = "+" Then           '⑤符号は「+」?
    ans = num1 + num2       '⑥演算(足し算)
ElseIf sig = "-" Then       '⑦符号は「-」?
```

●符号が「+」以外の処理

```
If sig = "+" Then           '⑤符号は「+」?
    ans = num1 + num2       '⑥演算(足し算)
ElseIf sig = "-" Then       '⑦符号は「-」?
    ans = num1 - num2       '⑧演算(引き算)
ElseIf sig = "×" Then       '⑨符号は「×」?
```

内観のデバッグ（I-6）「1つめの数字と2つめの数字を足し算し、計算結果を記憶する。その後、I-12（出力）の処理を実行する」

I-5の「+」の選択で足し算を処理したので、足し算の結果であるansの値の確認と、画面出力（I-12）への移動を確認します。ステップ実行を進めて、足し算の処理（ans=num1+num2）でansの値がnum1とnum2の合計になることを確認し、End Ifまで処理が移動して、次にテキストボックス3へのansの値の出力まで進むことを確認します。

●足し算後のansの値

式	値
⊞ Me	
num1	123
num2	456
sig	"+"
ans	579

内観のデバッグはフローチャートを見ながら行うとわかりやすいですよ

●足し算の後の計算結果の出力

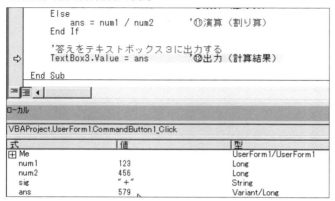

「+」符号ではnum1とnum2の足し算が行われ、答えがansに入力されました。また、足し算以外の符号の処理は飛ばして、ansを計算結果(テキストボックス3)に入力する処理(I-12)に進むことも確認できたので、ここでも正しい動きをしています。

内観のデバッグ（I-7）「符号が『−』の場合I-8の処理を実行する。そうでなければ、I-9の処理を実行する」

「−」符号の場合の確認をしますが、「+」符号の時と同じ作業です。1行ずつ処理を進め、符号が「−」の時に引き算（ans=num1−num2）の行に進むことを確認します。そして、「−」以外なら「×」符号の判断（ElseIf sig="×" Then）に処理が進むことを確認します。

「−」で引き算を行い、それ以外の「×」「÷」では、次の「×」の判断をするのがわかるので、I-7の手順も正しい動きをしています。

第4章 ▶ プログラミングをしよう

● 「−」符号時の処理

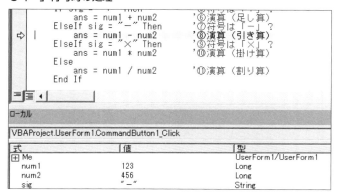

● 「×」符号時の処理

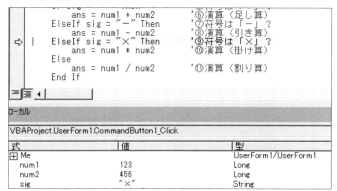

● 「÷」符号時の処理

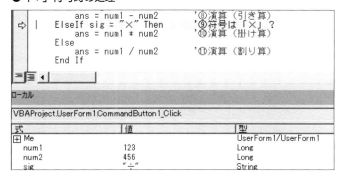

内観のデバッグ（I-8）「1つめの数字と2つめの数字を引き算し、計算結果を記憶する。その後、I-12（画面出力）の処理を実行する」

　符号が「−」の場合に引き算をして、計算結果がansに入力され、その後に画面出力に処理が移動することを確認します。「−」符号でも正しい動きが確認できました。

●引き算後のansの値

num1	123	Long
num2	456	Long
sig	"−"	String
ans	-333	Variant/Long

●IF命令文の後の処理（引き算）

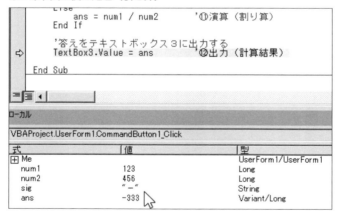

内観のデバッグ（I-9）「符号が『×』の場合、I-10（掛け算）の処理を実行する。そうでなければ、I-11（割り算）の処理を実行する」

　「×」符号の時は掛け算を行い、「×」でない場合は割り算を行うかを確認します。符号「×」の時に掛け算を、それ以外の「÷」では割り算を行います。ここでも正しい動きをしました。

第4章 ▶ プログラミングをしよう

●符号が「×」の時のIF命令文の処理（割り算でも正しい動きをした）

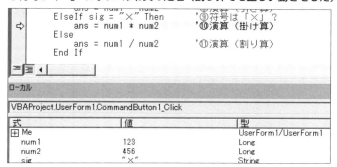

内観のデバッグ（I-10）「1つめの数字と2つめの数字を掛け算し、計算結果を記憶する。その後、I-12（画面出力）の処理を実行する」

「×」符号の時の掛け算の処理を、「＋」「－」と同様に確認します。ここでの処理も正しい動きをしています。

●掛け算後のansの値

式	値	型
⊞ Me		UserForm1/UserForm1
num1	123	Long
num2	456	Long
sig	"×"	String
ans	56088	Variant/Long

●IF命令文の後の処理（掛け算）

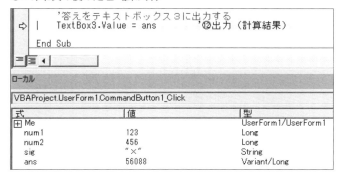

209

内観のデバッグ（I-11）「1つめの数字と2つめの数字を割り算し、計算結果を記憶する」

最後に「÷」符号での割り算を確認します。確認の方法はこれまでと同じです。この割り算の処理も正しい動きをしています。

●割り算後のansの値

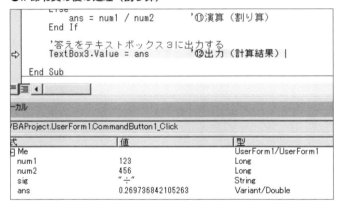

●IF命令文の後の処理（割り算）

内観のデバッグ（I-12）「計算結果を画面に出力する」

最後に、画面出力の確認をします。数字1が「123」、数字2が「456」の場合に、足し算（I-6）、引き算（I-8）、掛け算（I-10）、割り算（I-11）の各計算結果のansの値がテキストボックス3に出力されることを確認します。

このデバッグで、すべての符号でテキストボックス3の表示とansの値が同じなのが確認できます。

第4章 ▶ プログラミングをしよう

●簡易電卓の結果表示（足し算）

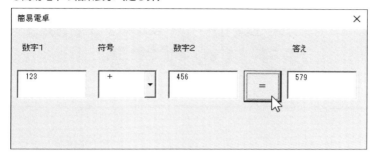

●簡易電卓の結果表示（引き算）

●簡易電卓の結果表示（掛け算）

●簡易電卓の結果表示（割り算）

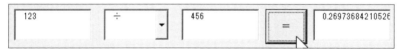

　ansの値がテキストボックス3に出力されたのがわかるので、計算結果の画面出力が正しく動くことがわかりました。
　これでプログラムの内観のデバッグはすべて完了です！

デバッグでは内観のすべての項目を確認するようにしてくださいね！

Ⅱ　プログラムの動きを確かめよう

10　「プログラムの外観」をデバッグする

　内観のデバッグが済んだら、プログラムの外観が正しく動くか確認します。内観のデバッグと同じく順番に確認して、シートの確認欄にOKかNGを入力します。

外観のデバッグ（O-1）「1つめの数字が入力できること」

　テキストボックス1に数字が入力でき、それ以外の情報が入力できないことを確認します。テキストボックス1の設置時に、数字以外を入力不可にするプログラミングをしたので、プログラムが正しければ数字しか入力できないはずです。

　ここで、入力する数が少なければ、すべてを入力して確認できます。しかし0から99999もの約10万回にもなる入力は現実的ではありません。そこで、最小数（0）と最大数（99999）が入力できればすべてできると判断して、実際に簡易電卓を動かして確認します。

　簡易電卓では数字の0と99999が入力でき数字以外の情報が入力できないことがわかります。この項目で正しく動くことを確認できました。

●数字1に「0」を入力

第4章 ▶ プログラミングをしよう

●数字1に「99999」を入力

外観のデバッグ（O-2）
「四則演算の符号（＋－×÷）が入力できること」

　次は四則演算の符号が入力できることと、それ以外の情報が入力できないことを確認します。［AddItem］メソッドを使い、符号を選択できるコンボボックスをつくりましたが、実際にコンボボックスで確認すると、「＋」「－」「×」「÷」のどれか1つだけが選択できるがわかるので、この項目も正しく動いています。

●「＋」「－」「×」「÷」の入力の確認

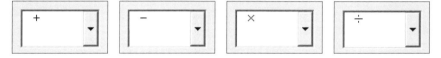

外観のデバッグ（O-3）「2つめの数字が入力できること」

　テキストボックス2でも、テキストボックス1と同じ確認方法で、数字が正しく入力できることを確認します。テキストボックス2にも数字以外の情報は入力できないので、この項目も正しく動いています。

●数字2に「0」を入力

●数字2に「99999」を入力

外観のデバッグ（O-4）
「『＝』が入力されると、2つの数と符号で四則演算をする」

次は［＝］ボタンをクリックした時の四則演算の確認です。すでに内観のデバッグで、四則演算の動きは確認しました。しかし内観のデバッグでは正しい数字の入力という前提がありました。つまり、入力に間違いがあると正しく計算できないのです。

そこで、外観のデバッグでは、テキストボックスと符号が現実にどのように扱われるかを確認しますが、考えられる入力の組み合わせは次のとおりです。

●数字の入力の有無と符号の組み合わせ

パターン	テキストボックス1	符号	テキストボックス2	結果の予想
P1	数字	＋－×÷のいずれか	数字	正しい答えが出力される
P2	数字	＋－×÷のいずれか	空欄	エラーになる
P3	空欄	＋－×÷のいずれか	数字	エラーになる
P4	空欄	＋－×÷のいずれか	空欄	エラーになる

数字同士の計算以外でのエラーは予想しやすいですが、さらに数字同士の計算で、数字を最小値（0）と最大値（99999）でのすべての組み合わせも確認します。

● 「足し算」での最小値（0）と最大値（99999）の組み合わせ

パターン(P)	テキストボックス1	符号	テキストボックス2	結果の予想
P1-1	0	+	0	正しい答えが出力される
P1-2	0		99999	
P1-3	99999		0	
P1-4	99999		99999	

● 「引き算」での最小値（0）と最大値（99999）の組み合わせ

パターン(P)	テキストボックス1	符号	テキストボックス2	結果の予想
P1-5	0	−	0	正しい答えが出力される
P1-6	0		99999	
P1-7	99999		0	
P1-8	99999		99999	

● 「掛け算」での最小値（0）と最大値（99999）の組み合わせ

パターン(P)	テキストボックス1	符号	テキストボックス2	結果の予想
P1-9	0	×	0	正しい答えが出力される
P1-10	0		99999	
P1-11	99999		0	
P1-12	99999		99999	

● 「割り算」での最小値（0）と最大値（99999）の組み合わせ

パターン(P)	テキストボックス1	符号	テキストボックス2	結果の予想
P1-13	0	÷	0	エラーになる
P1-14	0		99999	正しい答えが出力される
P1-15	99999		0	エラーになる
P1-16	99999		99999	正しい答えが出力される

　割り算では「0を0で割ること」（P1-13）と、「99999を0で割ること」（P1-15）はできないので、エラーが予想されます。さっそく「足し算」と「引

き算」から確認します。

●足し算「0＋0」の動作確認

●足し算「0＋99999」の動作確認

●足し算「99999＋0」の動作確認

●足し算「99999＋99999」の動作確認

　足し算の組み合わせですべて正しい動きをすることが確認できました。足し算と同じく、画面は省略しますが、引き算の組み合わせでも正しい動きが確認できました。
　次に、掛け算の組み合わせを確認します。

●掛け算「0×0」の動作確認

第4章 ▶ プログラミングをしよう

●掛け算「0×99999」の動作確認

●掛け算「99999×0」の動作確認

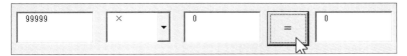

●掛け算「99999×99999」の動作確認

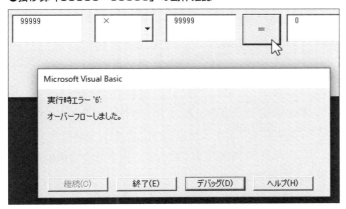

　これは予想外です。正しい計算結果が表示されるはずの「99999×99999」の計算で、『実行時エラー '6': オーバーフローしました』というエラー表示が出ました。オーバーフロー（桁あふれ）は、変数の容量が小さすぎて値や情報が入りきらない場合に起こります。

掛け算のオーバーフローのデバッグ

　オーバーフローの発生箇所を確認するために、エラー表示下部の［デバッグ］ボタンをクリックすると、コードウィンドウが表示され、オーバーフローの発生行がハイライト表示されます。

●ハイライト表示されたバグの発生箇所

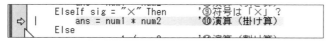

　「ans=num1*num2」の行でオーバーフローが起きましたが、原因は「データ型の変換」という処理で、計算結果がansの容量を超えたためです。型変換の説明は長くなるのであえて省略しますが、この行を「ans=CVar(num1)*CVar(num2)」と修正します。

●桁あふれ対策後のソースファイル

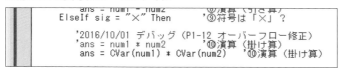

　なお、ソースコードを修正する場合、古いソースコードを残すために、VBAでは半角の「'」（シングルクォーテーション）を使いコメント化します。コメント文は、コンピュータが無視する一方で、人が読めば修正の経緯がわかるため、日付や内容等をなるべくコメント化しておきます。
　この修正をソースコードに反映して、再度確認します。各テキストボックスに「99999」を入れて「×」で再計算すると、今度は掛け算の答えが正しく出力できました。

●デバッグして、エラー表示されずに正しい答えが出力された

割り算のデバッグ

　最後に割り算を確認しますが、分母が0の「0÷0」と「99999÷0」でエラーが出ます。

　分母が0の割り算は「0除算」といい、実在しない計算方法なのでエラーになります（ちなみに「0÷0」ではオーバーフローの表示が出ますがVBA独自の表示です）。

●割り算「0÷0」でのVBA独自のエラー

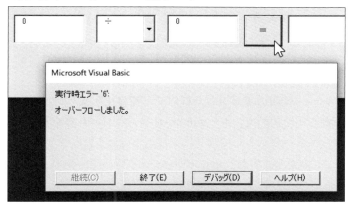

●割り算「99999÷0」での0除算エラー

　それでは、この0除算が起きないように修正します。「0除算」の回避方法は、「÷」で分母（テキストボックス2）が0かどうかを判断して、「分母

が0以外」なら割り算をします。もし、分母が0ならメッセージを表示して、計算しないようにします。

●0除算を回避するフローチャート

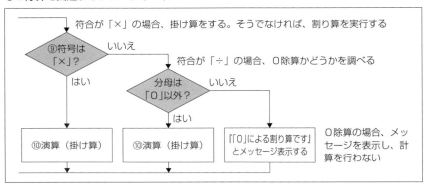

これをソースコードで修正します。ソースコードの割り算に、ElseIFを加えて分母のnum2が0かを調べて、もしnum2が0以外なら割り算をします。もしnum2が0ならエラー表示をして割り算を行わないようにします。その後は次のansの出力に移動しますが、ansに値がないので何も表示されません。

ここでは0除算で「『0』による割り算です」と表示します。メッセージを表示するにはMsgBox関数を使います。「MsgBox ("「0」による割り算です")」とするとエラー表示されます。

●0除算のデバッグ後のソースファイル

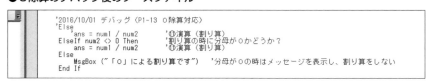

●MsgBox関数によるエラーメッセージ

　これで０除算のメッセージ表示がされ、[OK] ボタンのクリックで次に進むようになります。この０除算を組み込み、動作を確認すると、「０÷０」と「99999÷０」のいずれも０除算のメッセージが表示されて計算が行われなかったので、割り算もすべて正しく動くようになりました。
　これで数字同士の計算のデバッグはすべて終わりました。

●デバッグ後の「０÷０」の動作

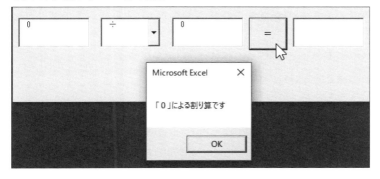

●デバッグ後の「99999÷0」の動作

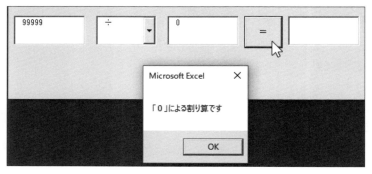

テキストボックスが空欄の場合のデバッグ

今度は、テキストボックスが空欄で値がない場合のデバッグです。空欄で計算するとエラーになります。このエラーを回避するには、テキストボックスが空欄時に計算処理をさせないようにします。テキストボックスのデータを変数に入力している行を確認するために、ステップ実行でハイライト表示します。

●テキストボックス2が空欄時のデバッグ

```
'変数への入力
num1 = TextBox1.Value      'テキストボックス1の数字を変数num1に入力
num2 = TextBox2.Value      'テキストボックス2の数字を変数num2に入力
sig = ComboBox1.Value      'コンボボックスの符号を変数sigに入力
```

画面ではテキストボックス2の値をnum2に入力する場面でエラーが起きます。この時点のテキストボックス2の値を確認するためにソースコードの「TextBox2.Value」の表示上にマウスカーソルを乗せると「TextBox2.Value=""」と表示され値がないことがわかります。

●TextBox2.Valueの値

```
'変数への入力
num1 = TextBox1.Value
num2 = TextBox2.Value
sig =  TextBox2.Value = ""
```

このような場合、数字をコンピュータに記憶する前にテキストボックスの値を確認して、数字1の空欄時は「数字1に値が入っていません」、数字2の空欄時は「数字2に値が入っていません」、両方の空欄時は「数字1と数字2に値が入っていません」と表示して計算処理を終わらせます。これをフローチャートに表します。

●空欄処理のフローチャート

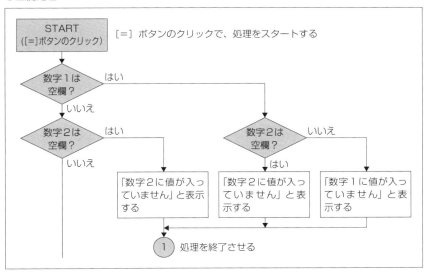

テキストボックスが空欄かどうかの判断は、計算の冒頭で「IF TextBox1.Value="" Then」と表現します。「""」は値がないことを表し、空欄時はExit命令文を使って処理を終わらせます。Exit命令文は「Exit Sub」と表現します。Exit Subがあると、その時点でEnd Subまで移動して処理が終了し

ます。これらの命令を使ってソースコードを修正します。

●デバッグ（P2）後のソースファイル

```
Dim ans As Variant              '計算結果が入る変数
'2016/10/01 デバッグ（P2 テキストボックス空欄対応）
If TextBox1.Value = "" Then             'テキストボックス１が空欄？
    If TextBox2.Value = "" Then         'テキストボックス１が空欄で、２が空欄？
        MsgBox ("数字１と数字２に値が入っていません")
        Exit Sub
    Else                                'テキストボックス１が空欄で、２が空欄でない
        MsgBox ("数字１に値が入っていません")
        Exit Sub
    End If
ElseIf TextBox2.Value = "" Then         'テキストボックス１が空欄でなく、２が空欄？
    MsgBox ("数字２に値が入っていません")
    Exit Sub
End If
```

それでは、追加したロジックが正しく動くかどうかを確認しましょう。

●数字１が空欄時の表示

●数字２が空欄時の表示

テキストボックスに数字が
入っていない時にメッセージを
表示して計算処理を行わないように
しています
わかりづらい場合は
前頁のフローチャートを
見直してみましょう

●２つの数字欄が空欄時の表示

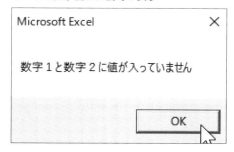

　テキストボックスが空欄になるとメッセージ表示がされ、計算が行われなくなりました。
　空欄時もすべて正しく動くようになりました。

外観のデバッグ（O-5）「計算結果を出力する」

　外観のデバッグの最後に、計算結果の画面出力がありますが、これまでのデバッグで正しく動くことがすでに確認できています。このようにデバッグ作業では、ある項目の確認をしたら、同時に別の項目の確認もできてしまう場合があります。

　これで、「プログラムの外観」のすべての項目のデバッグが完了しました！

II プログラムの動きを確かめよう

11 「実現すること」が実現されたかを確かめる

　デバッグの最後に、プログラム作成シートの「実現すること」の項目を実現できたかを確認して、シートの確認欄にOKまたはNGと入力します。

「実現すること」の確認

　「やりたいこと」（G-1）は、「パソコン上で、四則演算の符号（＋－×÷）を1回だけ使った計算ができる電卓」です。簡易電卓は「数字1／符号／数字2／［＝］ボタン／答え欄」というシンプルな構成で、これらと符号を1回だけ使って計算ができたので、実現できたといえます。
　「プログラムが動く場所」（G-2）は、簡易電卓のプログラム（マクロ）はMicrosoft Excel上でしか動かないので、この項目も実現できました。
　「プログラムに求めること」（G-3）は、「画面で計算式の入力と計算結果を出力する」です。簡易電卓には、入力用の「数字1／符号／数字2／［＝］ボタン」が用意され、出力用の「答え」欄が用意されています。つまり、簡易電卓のフォームには入力と出力の画面が備わっていて、計算式の入力と計算結果の出力ができるので、この項目も実現できました。
　「プログラミング言語」（G-4）は、「Excel VBA」です。この項目も実現できています。
　「IDE・統合開発環境」（G-5）は、「VBE」です。コーディング、デバッグにはVBEが使われていて、この項目も実現できました。
　「その他、特記事項」（G-6）は「特になし」なので、この項目も実現できたと判断します。

さて、長い時間をかけて行ってきたデバッグもこれで終了です！

あなたの目の前には正しい動作をする簡易電卓のプログラムがあります。それでは、プログラミングの仕上げとして、完成した簡易電卓をより使いやすいものにするために、メンテナンスの方法を学びましょう。

COLUMN 5　大ピンチ！ デバッグミスで紙の山

　私が最初にプログラミングをした話（36頁）の後、少しずつですがプログラミングの仕事をさせてもらえるようになりました。当時はとにかくプログラミングできることが楽しくてしかたありませんでした。ところが、「つくる」ことに夢中になるあまり、デバッグがすっかり疎かになっていました。

　ある時、上司から帳票（書類）を印刷するプログラムの作成を依頼されました。プログラムは簡単にできたのですが、いざプログラムを実行してみると、本来1枚しか出力されない帳票がどんどん印刷されていきます。結果的には段ボール箱1箱分の帳票を出してしまいました。

　当然、上司からは大目玉を食らいました。後から原因を調べたところ、IF命令文の条件が、正しくは「>」とするところを「<」にしていたことがわかりました。これは単純なデバッグのミスです。私は「できるだろう」と思い込み、この条件でのデバッグをやらなかったのです。

　この一件以来、プログラムをつくる時は、たとえそのプログラムが簡単であっても、絶対にデバッグを端折らないように心がけています。

プログラムをメンテナンスしよう

　プログラム作成シートにしたがって簡易電卓プログラムをつくり、正しく動くようにデバッグを行った結果、きちんと計算ができるようになりました。

　しかし、実際にこの簡易電卓を使うと、使いづらい点も気になってきます。たとえば、文字のサイズ。もう少し大きければもっと見やすくなります。また、計算ごとに入力欄の数字の削除や符号を再入力するのも少し手間になります。プログラミングではこのような使い勝手を改良することが大切で、この作業を「メンテナンス」や「バージョンアップ」といいます。このようなプログラムの改良によって、プログラムは成長していくのです。

　ここからは簡易電卓のメンテナンスを体験しましょう。

プログラムをメンテナンスしてあなたが理想とするプログラムに近づけましょう！

Ⅲ　プログラムをメンテナンスしよう

12　プログラム作成シートを修正する

● プログラムをメンテナンスして使いやすくする

メンテナンスの方法はこれまでのプログラミングと基本的には同じです。
最初に「プログラム作成シート」を書いてプログラミングを行い、最後にデバッグをします。ここまで作成したシートに、改良に必要なメンテナンス箇所の追加や変更の内容を記入します。

● 作成シート①「実現すること」を修正する

最初にプログラム作成シートの「実現すること」から考えます。
まず、現在の簡易電卓で使いづらい点を挙げ、そこから改善点を考えます。

> 簡易電卓の改善点

　改善点①「文字が小さい」→もう少し文字が大きいと見やすい
　改善点②「次回の計算で、前回の入力（数字１、符号、数字２など）を消
　　　　　す必要がある」
　　　　　→「AC」（オールクリア）ボタンがあれば便利
　改善点③「数字の入力や符号の選択のために、マウスで毎回クリックする
　　　　　必要がある」
　　　　　→キーボード入力で素早く計算できるようにしたい
　改善点④「簡易電卓を動かすために毎回Excelを立ち上げてマクロ実行す
　　　　　るのが面倒」

→簡易電卓を直接起動できるようにしたい

　これらの改善点は、「見やすさ」と「使い勝手」に大きく分けられます。そこで、「実現したいこと」のメンテナンスでは、「見やすさ」と「使い勝手」を向上させることにして、さらに具体的に改善点を挙げます。

|簡易電卓の改善点|

　　改善点①「文字の見やすさ」→文字のフォントやサイズを変更する
　　改善点②「数字の見やすさ」→数字を桁（カンマ）区切りにする
　　改善点③「前の操作の削除」→クリアボタンを追加する
　　改善点④「キーボード入力」→タブストップを追加して［Tab］キーでの
　　　　　　操作を可能にする
　　改善点⑤「すばやい起動」→Excelの起動と同時に、すぐに簡易電卓を使
　　　　　　えるようにする

　これで改善点が決まりました。これをプログラム作成シートの「実現すること」の「その他・特記事項」の項目に記入します。

●メンテナンスで「実現すること」

No.	項目	内　容
G-1	つくるもの	パソコン上で、四則演算の符号（＋－×÷）を1回だけ使った計算ができる電卓
G-2	プログラムが動く場所	Microsoft Excel
G-3	プログラムの仕事	画面で計算式の入力と計算結果を出力する
G-4	プログラミング言語	Excel VBA
G-5	IDE（統合開発環境）	VBE
G-6	その他・特記事項	①文字を見やすくする（文字のフォントとサイズを変更する。数字をカンマで桁区切りにする） ②使い勝手をよくする（クリアボタンの追加、タブストップの追加、簡易電卓をすぐに起動できる）

作成シート②「プログラムの外観」を修正する

「実現すること」の新たな改善点をもとに、外観を改善します。まずは数字の入力時の桁区切りを作成シートに追加します（太字が修正点です）。

●作成シートにカンマを使った数字の桁区切りを追加する

手順	項目	内容
O-1	入力	１つめの数字が入力できる（数字以外の情報を入力不可にする。**数字をカンマで桁区切りする**）
O-2	入力	四則演算の符号（＋－×÷）が入力できる（符号以外の情報を入力不可にする）
O-3	入力	２つめの数字が入力できる（数字以外の情報を入力不可にする。**数字をカンマで桁区切りする**）
O-4	入力	「＝」が入力されると、１つめと２つめの符号で四則演算する
O-5	出力	計算結果が出力される（**数字をカンマで桁区切りする**）

次に、各欄を初期状態に戻すための［クリア］ボタンを考えます。［クリア］ボタンのクリック（入力）と同時に、各欄（数字１、数字２、答え、符号）を初期状態（出力）にするため、項目名「入出力」という新しい手順O-6を追加します。

●設定をクリアする項目（入出力）の追加

O-6	入出力	「クリア」を押すと入力欄がクリアされ、符号は「＋」になる（入力情報が削除される）

最後に、［Tab］キーの操作を追加します。キーボードで［Tab］キーを押すと次の入力欄にカーソルが飛び、マウス操作が不要になります。簡易電卓では「数字１」→「符号」→「数字２」→［＝］ボタンの順に入力するので、［Tab］キーを押すごとに入力場所を移せるようにします。

また、［クリア］ボタンも［Tab］キーで選択できると便利なので、［＝］ボタンの次に［クリア］ボタンにも移動するようにします。そして、また最

初の「数字1」に戻るようにします。

これを作成シートに新しい手順O-7として追加します。

●キーボードで操作できる機能の追加

O-7	入出力	[Tab] キーの入力で、「1つめの数字」→「符号」→「2つめの数字」→［＝］ボタン→［クリア］ボタンの順に入力受付を移動する

　［Tab］キーの入力でカーソルの場所が移動（出力）されるので、項目は「入出力」としました。なお、「答え」欄は出力のみの欄のため、対象外にしました。

　これで作成シートの「プログラムの外観」の修正ができました。

作成シート③「プログラムの内観」を修正する

　［クリア］ボタンが押された時の処理と、簡易電卓が独立して起動する処理を追加します。まずは、［クリア］ボタンの動きを考えて、作成シートに手順を追加します。［クリア］ボタンが押されたら、各欄（数字1、数字2、答え）が空欄になればよいので、各欄値なしを意味する「("")」に、符号は「＋」に設定すれば実現します。

　なお、［＝］ボタンと［クリア］ボタンでは動きが異なるので、シートの最初に「［＝］ボタンがクリックされたら……」をクリアの手順には「［クリア］ボタンがクリックされたら……」と追記して区別します。

　次は簡易電卓の起動時に、簡易電卓が独立して起動する手順を作成シートに追加します。Excelの画面を表示せずに簡易電卓プログラムだけを起動させますが、簡易電卓の終了時にはExcelが起動するようにします。これらは簡易電卓の表示（簡易電卓の起動時）やExcelの表示（簡易電卓の終了時）といった、出力の動きの修正になるので、項目を「出力」にします。

　これらの内観の改善点を作成シートに記入します。

●「プログラムの内観」に改善点を追加

手順	項目	内　容
		［＝］ボタンがクリックされたら……
I-1	入力	1つめの数字を入力して、コンピュータに記憶する
I-2	入力	符号を入力して、記憶する
I-3	入力	2つめの数字を入力して、記憶する
I-4	入力	「＝」を入力して、記憶する
I-5	条件つき実行	符号が「＋」の場合、I-6の処理を実行する。そうでなければ、I-7の処理を実行する
I-6	演算	1つめの数字と2つめの数字を足し算し、計算結果を記憶する。その後、I-12の処理を実行する
I-7	条件つき実行	符号が「－」の場合、I-8の処理を実行する。そうでなければ、I-9の処理を実行する
I-8	演算	1つめの数字と2つめの数字を引き算し、計算結果を記憶する。その後、I-12の処理を実行する
I-9	条件つき実行	符号が「×」の場合、I-10の処理を実行する。そうでなければ、I-11の処理を実行する
I-10	演算	1つめの数字と2つめの数字を掛け算し、計算結果を記憶する。その後、I-12の処理を実行する
I-11	演算	1つめの数字と2つめの数字を割り算し、計算結果を記憶する
I-12	出力	計算結果を画面に出力する
		［クリア］ボタンがクリックされたら……
I2-1	出力	1つめの数字の欄を空欄にする
I2-2	出力	2つめの数字の欄を空欄にする
I2-3	出力	答えの欄を空欄にする
I2-4	出力	符号を「＋」に設定する
		プログラムを起動したら……
I3-1	出力	簡易電卓フォームが独立して起動する
		プログラムを終了したら……
I4-1	出力	Excelを起動する

　これでメンテナンスの内容をプログラム作成シートに書き込むことができました。

13 プログラムをメンテナンスする

Ⅲ　プログラムをメンテナンスしよう

　いよいよ実際にプログラムの改良を行います。プログラミングの方法はこれまでと同じなので、復習も兼ねて実際にチャレンジしてください。最初はフォームの修正から始めます。

● プログラムの改善①「文字フォントとサイズを変える」

　フォームのすべての文字フォントとサイズ（ポイント数）を変えて見やすくします。

　文字フォントの変更は［プロパティウィンドウ］の［Font］プロパティで変更できます。フォント名を見やすいMeiryo UIに、ポイント数を14ポイントに拡大しました。

　文字サイズを大きくすると、答え欄の数字が表示しきれなくなるおそれがあるので、答え欄（TextBox 3）の横幅を少し広げておきます。

　さらに、テキストボックスでは数字を表示するので、［TextAlign］プロパティで変更します。まず［3-fmTextAlignRight］（右詰め）にして見やすくします。符号のリストボックスの表示［2-fmTextAlignCenter］（中央配置）にしましょう。

フォームのフォントとサイズを変えるだけでもプログラムのイメージは大きく変わりますよ

●修正後のフォーム

プログラムの改善②「数字の桁区切りを設定する」

次に、数字の桁区切りを設定します。数字1、数字2で表示される数字をカンマで桁区切りする場合、あらかじめプログラムで表示形式を設定する必要があります。これにはFormat関数を使って「Format（対象となる値、表示する形式）」と表します。「対象となる値」はFormat関数を使って表示する値、「表示する形式」はどのような表示にするかです。

数字の桁区切りの表示は、VBAでは「#,##0」と記述します。#の場所に数字があるとその数字を表示し、数字がないと非表示になります。0の場所に数字がある場合には数字を表示し、数字がない場合には0が表示されます。また、カンマは1つしか書いていませんが、3桁ごとに自動的にカンマが入力されます。これらは数字1の値では「TextBox1.Value=Format(TextBox1.Value,"#,##0")」と書き、数字2の値では「TextBox2.Value=Format(TextBox2.Value,"#,##0")」と書きます。

ここでは数字1、数字2の更新のたびに桁区切りで表示させますが、テキストボックスが更新されたかどうかは［Change］イベントで確認できます。

表示桁数を修正する

プログラムの改善②の続きです。桁区切りの設定に合わせて、表示桁数も修正します。テキストボックス1と2は、これまで5桁表示でした。しかし、

カンマも1桁分に扱われるので、実質的には4桁表示に変わります。そこで、[MaxLength]プロパティを6に変更します。

●テキストボックスの桁区切りの変更

Locked	False
MaxLength	6
MousePointer	0 - fm

答え欄を桁区切りにする

　続いて、答え欄も桁区切りにします。答え欄では、ansをFormat関数で設定してテキストボックス3に出力します。
　ここで注意が必要なのは、"#,##0"は整数しか表示できない点です。たとえば割り算の答えに小数点があった場合、小数点以下が非表示になってしまうのです。これを回避するには、小数点以下の数字の有無を判断して、それぞれにFormat関数を設定します。
　この小数点以下の有無は、値の整数部分だけを返す「Fix関数」という関数を使って調べられます。Fix関数は「Fix（調べる値）」と書き、小数点があっても整数部分だけを返します。
　この関数を利用して「調べる数－調べる数の整数部分」を意味する「ans-Fix（ans）」という式をつくり、小数点以下の数字を調べます。たとえば、整数の3なら「3－3＝0」ですが、ansの値が3．14なら整数3を引いた残りは「0．14」となり、0より大きい答えが出てきます。
　この式を使い、答えが整数の場合は整数を表示し、少数点以下があると少数点以下5桁までを表示できるように修正しました。

●答え欄の桁区切り

```
    '答えをテキストボックス3に出力する
    '2016/10/01 メンテナンス（桁(カンマ)区切り設定）
    'TextBox3.Value = ans        '⑫出力（計算結果）
    If ans - Fix(ans) = 0 Then                  '答えに小数点以下があるかを確認
        TextBox3.Value = Format(ans, "#,##0")   '⑫出力（計算結果・整数）
    Else
        TextBox3.Value = Format(ans, "#,##0.#####")  '⑫出力（計算結果・小数点あり）
    End If
End Sub
```

プログラムの改善③「［クリア］ボタンを設定する」

［クリア］ボタンのプログラミングでは、まずフォームに［クリア］ボタンを設置します。使いやすいように、ボタンを大きめに設置して、ボタンの文字を変更します。［Caption］プロパティに「クリア」と入力すると、ボタンに表示されます。

●フォームに［クリア］ボタンを設置する

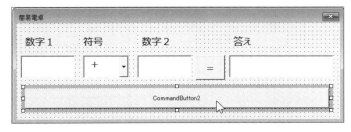

フォームの外形が整ったらプログラミングを行います。

フォーム上の［クリア］ボタンをダブルクリックすると、［コードウィンドウ］に新しいボタンがクリックされた時の処理が新たに追加されるので、各欄（数字1、数字2、答え欄）が空欄で、符号が「＋」になるように設定します。数字1はテキストボックス1、数字2はテキストボックス2、答え欄はテキストボックス3に対応しています。これらへの空欄入力は、値がないことを意味する「""」を入力します。また、符号は初期表示を「＋」にします。

●追加されたクリアボタン

●ソースコードは画面のようになります。

●ソースコードのメンテナンス（クリアボタン対応）

プログラムの改善④「タブストップを設定する」

　次はフォームにタブストップを設定します。タブストップは、キーボードの[Tab]キーを押す度にフォーカスが移動して次のオブジェクトを選択できる機能です。タブストップは[TabStop]プロパティで設定できます。
　また、[TabIndex]プロパティでタブの移動する順番が決められるので、「数字1」→「符号」→「数字2」→［＝］ボタン→［クリア］ボタンの順に入力受付が移動するように設定します。

●タブストップの設定

TextBox1 TextBox	
PasswordChar	
ScrollBars	0 - fmScrollBarsNone
SelectionMargin	True
SpecialEffect	2 - fmSpecialEffectSunk
TabIndex	1
TabKeyBehavior	False
TabStop	True

プログラムの改善⑤ 「プログラム起動時と終了時の動きを設定する」

　プログラム起動時に簡易電卓を立ち上げて、同時にExcelの画面を非表示にします。まずはプログラム起動時の簡易電卓の立ち上げをプログラミングします。

　Excelの起動時に、Excelはファイル（Book）のシート（Sheet）を開いて、セルを入力受付の状態にしますが、それと同時に簡易電卓のフォームを立ち上げることが可能です。

　ブックを開く時に動く処理は［Workbook_Open］イベントで、ここに簡易電卓のフォームを立ち上げる命令を記述します。フォームの立ち上げはShowメソッド（命令文）で「フォーム名.Show」と表します。

●フォームの自動起動の追加

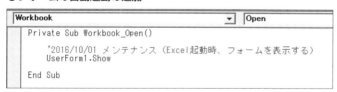

　次に、フォームの起動時にシートの非表示設定をします。シートの表示、非表示は［Application］メソッドの［Visible］プロパティで設定します。値をTrueにすればExcelが表示され、Falseでは非表示になります。これを、

マクロの起動時の最初に動く［Initialize］イベントに書き込むと、フォームの立ち上げ時にシートを非表示にできます。

これでシートを非表示にできますが、このままではExcelが非表示のままになります。そのため、フォームを閉じる際に動く［Terminate］イベントで簡易電卓の終了時にシートが再表示（Application.Visible=True）されるように設定しておきます。

●InitializeとTerminateイベントへの非表示・表示の追加

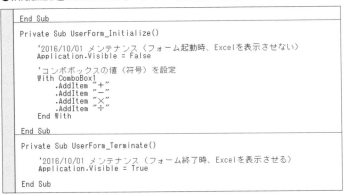

簡易電卓を［閉じる］ボタンで終了すると、Excelの再表示がされるようになりました。

なお、「Application.Visible=False」でExcelが非表示のままになった場合は、「Application.Visible=True」のプログラムを実行するとExcelが再表示されます。

これでメンテナンスのプログラミングはすべて完了です！
さっそくメンテナンスのプログラムをデバッグして、動作を確認しましょう。

第4章 ▶ プログラミングをしよう

Ⅲ　プログラムをメンテナンスしよう

14 メンテナンスしたプログラムをデバッグする

内観12「[クリア]ボタンがクリックされたら……」をデバッグする

　これまで同様にメンテナンスのデバッグも行います。まずは内観から確認しましょう。

　[クリア]ボタンが押された時の動きを確認します。[コードウィンドウ]でステップ実行を使い1行ずつ確認します。

　まず、プログラムを実行し、一度計算をした後に[クリア]ボタンをクリックします。その後、コードウィンドウに移動するので、1行ずつ処理を進め、数字1、数字2、答え欄が空欄になり、符号欄が「＋」になることを確認します。

●クリアボタンを押すと空欄になる

　そして、フォームは、数字1、数字2、答え欄がクリアされ、符号が「＋」になりました。そのため、[クリア]ボタンが正しい動きをしたと判断しました。

外観0-6 「［クリア］を入力すると入力欄がクリアされ「＋」符号になる」をデバッグする

［クリア］ボタンの外観は、プログラムの内観を確認すれば確認できます。しかし念のために、数字と符号を入力して計算してから、［クリア］ボタンを押して確認しました。これで、［クリア］ボタンは内観と外観ともに動作が確認できました。

内観13 「プログラムを起動したら……」をデバッグする

次はプログラムの起動時に、簡易電卓フォームが自動的に立ち上がることと、Excelが非表示になること、終了時にExcelの表示設定を戻すことを確認します。

ブックが開く時の動きの［Workbook_Open］イベントにブレークポイントを置き、ステップ実行で簡易電卓フォームとExcelがどのように表示されるかを確認します。

●フォームの自動表示

処理を1行ずつ進めて、フォームが自動表示するとともにExcelのブックが非表示されることを確認します。さらに処理を進めて、フォームの［×］

第4章 ▶ プログラミングをしよう

ボタンをクリックしてプログラムの終了時にExcelのブックが再表示されるのを確認します。

ブックは非表示で簡易電卓が起動されることと、フォームの［閉じる］ボタンで終了するとブックの再表示が確認できるので、正しい動きを確認できました。

外観O-1,O-3,O-5「数字をカンマで桁区切りする」をデバッグする

数字の桁区切りは次の数字1、数字2、答えの欄の3つです。それぞれ確認します。

O-1	入力	1つめの数字が入力できる（数字以外の情報を入力不可にする。**数字をカンマで桁区切りする**）
O-3	入力	2つめの数字が入力できる（数字以外の情報を入力不可にする。**数字をカンマで桁区切りする**）
O-5	出力	計算結果が出力される（**数字をカンマで桁区切りする**）

各欄に4桁以上の数字が入力されたら桁区切りで表示されることを確認します。答え欄に小数点以下の数字がある場合は桁区切りで正しく表示することも確認します。これらの確認作業では、数字1と数字2に4桁以上の数字を入力して計算を行います。

●4桁以上の数字の桁区切りの確認

●割り算の小数点以下の確認

●余りが出ない割り算

　ここまでの確認で、数字１、数字２、答えがそれぞれ桁区切りされることが確認できました。また、割り算で余りが出る時に、小数点以下の数字も正しく表示されることを確認しました。これで、桁区切り表示が正しい動きをしたと判断しました。

外観O-7 「タブストップの機能」をデバッグする

　これはキーボードの［Tab］キーの入力で操作を可能にするメンテナンスで、［Tab］キーの入力で、「１つめの数字」→「符号」→「２つめの数字」→［＝］ボタン→［クリア］ボタンの順に入力受付が移動するかどうかを確認します。

　実際に簡易電卓を起動してから［Tab］キーを押せば確認ができます。なお、［Shift］キーを押したまま［Tab］キーを押すと逆順で移動するので、この動作も一緒に確認します。

　［Tab］キーを押すと「数字１」→「符号」→「数字２」→［＝］ボタン→［クリア］ボタンの順での入力受付の移動が確認でき、また、［Shift］＋［Tab］キーを押しての逆順の移動も確認できますので、タブストップの機能は正しく動いていると判断しました。

デバッグの最終確認

　最後に、プログラム作成シートの「実現すること」（Goal）が実現されたかどうかを確かめます。メンテナンスでは最初に「その他・特記事項」へ次の内容を追加しました。

G-6	その他・特記事項	①文字を見やすくする（文字のフォントとサイズを変更する。数字をカンマで桁区切りにする） ②使い勝手をよくする（クリアボタンの追加、タブストップの追加、簡易電卓をすぐに起動できる）

　デバッグの最後にこの2つが実現できているかを確認しましょう。

　まず、①「文字を見やすくする」の確認です。文字フォントを変更し、サイズを大きく見やすくしました。数字を桁区切りで表示して、数字の見やすさも向上しました。これらから「文字を見やすくする」は実現できたと判断できます。

　次に②「使い勝手をよくする」の確認です。［クリア］ボタンを追加して、2回目以降の計算では前回の操作情報をまとめて削除することができました。また、タブストップを追加して、キーボードだけでの操作が可能になりました。簡易電卓を起動すると簡易電卓が独立して動き、フォームを閉じた後のExcelの再表示もできました。

　これらのメンテナンスで簡易電卓の使い勝手は向上しました。つまり「使い勝手をよくする」ことも実現できました。

　これでメンテナンスは完了です！

　長かったプログラミングもこれで終了です。ここまで読み通せれば、プログラミングの基礎的な考え方や流れが理解できたと思います。後はコンピュータのしくみや言語、開発環境をより深く理解すれば、どんなプログラムでもつくれるようになります。これからは、さまざまなプログラムをつくりながら、新しい知識を少しずつ覚えてください。

　次の章ではプログラミングに関連した情報をご紹介します。プログラミングにかかわる仕事にはどのようなものがあるのか、プログラミングを学んだら次にステップアップするにはどうすればよいのか、などを解説します。

　そういえば、マイミたちはその後どうなったでしょうか？　一緒に見てみましょう！

COLUMN 6　バグの原因探しが一番たいへん！

　実際にプログラミングをやっているとわかりますが、最初は何から手をつけたらよいかがわからないものです。それでも少しずつソースコードを書いていくことで、プログラムが形づくられていきます。

　ところが、そうしてプログラムをつくりコンパイルをし、いざプログラムを動かそうとすると、最初は全く動かないことが多いものです。その原因はソースコードの書き方の問題だったり、コンピュータの環境にそぐわないプログラミングをしていることだったりします。

　じつは、プログラミングが最も大変な瞬間はここです。動かない原因がどこにあるのか？ 動かないプログラムがどうやったら動くのか？ これを突き止めることができれば、もうプログラムはできたも同然です。

　昔はプログラムが動かなかった時、プログラミング言語やコンピュータのマニュアルを調べたり、先輩社員に原因のアドバイスをもらって解決していました。しかし、今はインターネットが普及していますので、ある程度ネットの力を借りつつ自力で解決できるようになりました。

　プログラムが動かない原因を調べ、それを1つずつ取り除き、形なりにもプログラムが動いた時、私は1つの大きなヤマを乗り越えた気持ちになります。「後は下り坂だ、ここから先は一気に進められる」と感じます。もちろん、実際にはそうならないこともあり、2つめ、3つめのヤマが現れることもあります。ですが、まずは最初のヤマを乗り越えてみてください。

　それができた時、あなたのプログラミングの力は大きくアップしているはずです！

第5章

プログラミングとプログラマ

んーっ！
最高！

そうですね
いい天気で
よかったです

エニア

はい

エニアはこれまで
新人プログラマを
指導してきて……

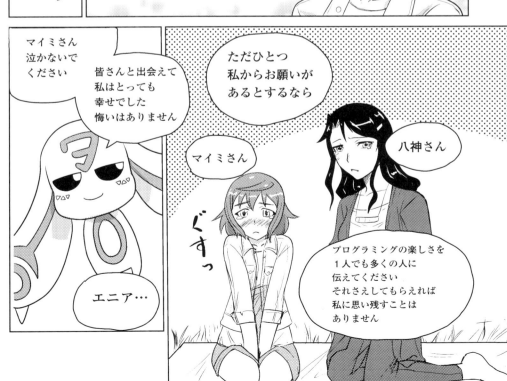

01 プログラミングにまつわる仕事

プログラミングの仕事あれこれ

　プログラミングによってコンピュータを思いどおりに動かすことや、Excelを使った実際のプログラミングに挑戦しました。
　すでにあなたはプログラミングの扉を開いています。ここからは、その扉の先にある、プログラミングやプログラマの世界を紹介しましょう。

　本書では簡易電卓のプログラムをつくりましたが、こうしたプログラムづくりを仕事にしている人たちがいます。そういえば、マイミもプログラムをつくる仕事をしていましたね。そこでまずはプログラミングに関わる仕事をご紹介します。
　プログラミングに関わる仕事には、プログラミングでつくられたプログラムを商品として利用、販売するような仕事があります。この商品としてのプログラムには、「システム」「アプリケーション製品」「組込みソフトウェア」があります。
　「システム」とは複数のプログラムの集合体で、主に会社や組織の仕事を行ったり、サポートしたりするために使われ、次のようなとてもたくさんの種類があります。

> さまざまなシステムの例

・社内システム…財務会計システム、人事給与システム、社員管理システムなど

- 販売・飲食業界…仕入管理システム、在庫管理システム、顧客管理システム、販売管理システム、POSシステム、ポイントサービス管理システムなど
- 流通・物流業界…物流管理システム、配送管理システム、倉庫管理システム、SCM（サプライチェーンマネジメント）など
- 保険・金融業界…ローン審査システム、月賦管理システム、為替情報システムなど
- 医療・介護業界…電子カルテシステム、レセプトシステム、病院入退院管理システム、遠隔医療システム、介護サービスシステム、在宅ケア管理システムなど
- エネルギー業界…発電・送電・蓄電管理システム、原子力制御システム、ダム制御システムなど
- 教育・学校業界…在校生管理システム、受験情報管理システムなど
- ゲーム業界………家庭用ゲーム、オンライン対応ゲームなど
- 官公庁・自治体…住民税管理システム、年金管理システムなど

　これらのシステムは、多くの場合、企業や組織が外部の会社にお金を払ってつくってもらい、利用しています。ちなみに、システムづくりの専門の会社を「システム開発会社」「ソフトハウス」などと呼びます。

　また、会社のシステムを社内でつくっている場合の多くは、システム開発専門の部署（IT情報システム部など）が主導してシステム開発を行います。外部のシステム開発会社やソフトハウスと協力してシステムをつくる場合もあります。

アプリケーション製品

　「アプリケーション製品」は、システムよりもう少し規模が小さいプログラムの集合体で「ソフト」（ソフトウェア）や「アプリ」（アプリケーション）などの名前で呼ばれることがあります。これらは主にパソコン（WindowsやmacOS）、スマートフォンやタブレット（iOSやAndroid）などで動かすこ

とを想定してつくられています。これにもたくさんの種類があります。

> アプリケーション製品の例

- マルチメディア…グラフィックソフト、動画ソフト、音楽ソフトなど
- 文書作成…………ワープロソフト、テキストエディタ、辞書、電子書籍リーダー、年賀状印刷、名刺登録など
- インターネット…ホームページ作成、ブログ作成、メールソフト、チャットソフト、ブラウザなど
- ゲーム……………1人用ゲーム、オンラインゲームなど
- その他……………バックアップソフト、ファイル管理ソフト、アーカイバ（圧縮解凍ソフト）、住所録ソフト、家計簿ソフト、ウィルス対策ソフトなど

　これらのソフトやアプリは店頭でパッケージを購入したり、App Store、Google Playのような販売サイトでダウンロード購入できたりします。また、ソフトやアプリにより無料で入手できるもの（フリーウェアと呼びます）もあります。

組込みソフトウェア

　「組込みソフトウェア」は、機械に組み込まれるプログラムで、機械をコントロールする目的でつくられます。この機械も非常にたくさんの種類があります。

> 組込みソフトウェアの例

- 家電製品……洗濯機、炊飯器、冷蔵庫、電話機、エアコン、テレビ、ビデオデッキ、デジタルカメラ、ビデオ、携帯電話、スマートフォン、タブレットなど
- 移動用機器…自動車（各種制御システム）、ナビゲーションシステム、エレベーターなど

第5章 ▶ プログラミングとプログラマ

・その他……複合機、POS、自動改札機、信号機、工業用ロボットなど

　組込みソフトウェアはこのプログラムが商品というよりも、組込みソフトウェアを内蔵している機械そのものが商品となって流通しています。

「プログラムといっても本当にたくさんの種類があるんだね」

「そうなんです。だから、プログラムの用途に応じてプログラミング言語を選ぶことが大切なんですよ」

「そっかぁ、なるほど！　私は今までプログラムを使う方が多かったけど、これからはプログラムをつくる側で仕事がしたいなぁ」

「あのマイミさんがここまで立派になって……（涙）」

「ちょっとエニア、大げさ！（汗）」

02 プログラムづくりの主な流れ

それぞれの工程で誰が関わっているのか？

「システム」「アプリケーション製品」「組込みソフトウェア」はプログラムのつくり方がある程度似ています。プログラムづくりの主な流れは次のとおりです。

①**要件定義**（利用者の要望をまとめること）
②**設計**（プログラムをつくるための設計書をつくること）
③**プログラミング**（設計書をもとにプログラムをつくること）
④**テスト**（設計書のとおりにプログラムがつくられているかを確認すること）

　これらのプログラムづくりの段階を「フェイズ」と呼びます（「要件定義フェイズ」「設計フェイズ」「プログラミングフェイズ」「テストフェイズ」というように呼びます）。
　そしてこのような作業工程を分割して順に進めるプログラムのつくり方を「ウォーターフォール型開発」と呼びます。プログラムの種類や規模（大きさ）に関係なく、多くのシステム、アプリケーション製品、組込みソフトウェアがこの流れでつくられています。プログラミングに関する仕事はそれぞれのフェイズに対応しています。

プログラマ（PG）
　プログラマは「設計」フェイズでつくられた設計書をもとにプログラミングを行い、プログラムをつくるのが仕事です。プログラムが設計書のとおり

正しく動くかどうかのテスト（単体テストと呼びます）も行います。

したがって、プログラマは主に「プログラミング」と「テスト」のフェイズを担当します。これらのことから、プログラマにはプログラミングの技術のほかに、テストを行う技術なども求められます。マイミは最初この仕事を与えられました。プログラミング初心者は最初にプログラマの仕事から始めることが多いです。

システムエンジニア（SE）

システムエンジニアは「要件定義」フェイズでまとめられた利用者の要望からプログラミングをするための設計書をつくることが主な仕事です。そのため、システムエンジニアは主に「設計」フェイズを担当します。

システムエンジニアがつくった設計書のとおりにプログラムをつくるのはプログラマですが、システムエンジニアはプログラマのサポートを行い、プログラミングを技術的な面から支援することもあります。また、プログラマが行ったテストを踏まえ、複数のプログラムをつなぎ合わせて設計書のとおりに動くかどうかのテスト（「結合テスト」と呼びます）などを行うこともあります。

こういったことから、システムエンジニアにはプログラマとしての技術や知識が必要になります。一般的にはプログラマからステップアップしてシステムエンジニアになることが多いです。

システムアーキテクト（SA）

システムアーキテクトは利用者の要望をまとめ、システムやアプリケーション製品、組込みソフトウェアなどの大枠を決めることが主な仕事です。そのため、システムアーキテクトは主に「要件定義」フェイズを担当します。システムアーキテクトがプログラミングを行うことは基本的にはありませんが、システムエンジニアが行う設計やプログラマが行うプログラミングなどをサポート、支援します。

システムアーキテクトは完成されたシステム、アプリケーション製品、組込みソフトウェアがどのようなOSで動くことが好ましいかを考え、そこか

ら最適なプログラミング言語や開発環境などを選びます。したがって、システムアーキテクトにはシステム、アプリケーション製品、組込みソフトウェアなどに関する、広く深い知識と技術力が求められます。これらのことから、経験を積んだシステムエンジニアがステップアップしてシステムアーキテクトになることが多いです。

　プログラマ、システムエンジニア、システムアーキテクトはシステムやアプリケーションなどを商品として提供することを本職としています。
　一方で、個人や部署のために使うプログラムをつくる仕事があります。次に、プログラミングを本職としない事務系総合職の仕事とサンデープログラマを紹介します。

事務系総合職
　事務系総合職とは、会社内の人事、経理、総務、企画などのデスクワークが中心の職種です。この職種ではパソコンを使って仕事が行われるのが一般的です。
　たとえば、社員情報のようなデータの入力、案内資料の作成、スケジュール管理、他社情報の分析など、その内容は多岐に渡っています。これらはExcel、Word、PowerPointなどOffice製品で作業されることが多いです。しかし、これらのOffice製品ではデータの管理が難しかったり、作業の手間がかかったりすることもあります。そこで、これらを解決する手段としてVBAを使います。VBAを使うと普通のOfficeでは対応できないことができるようになります。
　たとえば、ボタン1つで必要なデータをつくったり、人が行うと手間がかかる作業をすぐに終わらせたりすることができます。
　プログラム（マクロ）は仕事の効率を上げたり、作業のミスを防ぎ品質を高めたりするのに役立ちます。これらのことから、事務系総合職でもプログラミングの能力が求められることもありますし、プログラミングの能力をもっていると部署内でとても重宝されたりします。

サンデープログラマ

　サンデープログラマとは、仕事ではなく趣味としてプログラミングを楽しむ人のことです。

　サンデープログラマには、自分でつくったプログラムをインターネットで公開している人もいます。第2章でも紹介しましたが、スマートフォンやタブレットのOSとして使われるiOSではObjective-C、AndroidではJavaといったプログラミング言語を使ってプログラム（アプリ）をつくります。そのため、これらのプログラミング言語を覚えてアプリをつくれば、App StoreやGoogle Playのようなアプリのダウンロードサイトで公開できるようになります。そうすると、あなたがつくったアプリをたくさんの人に使ってもらえて、その結果、あなたのアプリを支持して感想や要望を送ってくるユーザーが現れるかもしれません。あなたがこうした声に応えることで、あなたのアプリもどんどん成長していきます。

　サンデープログラマのメリットは誰もが気軽にプログラミングを楽しめることです。その一方で、独学でプログラミングを習得しなければならず、回り道をすることもあります。しかし、これも経験のひとつで、プログラミングを習得してしまえば、その経験も武器になることでしょう。

03 プログラマとしてステップアップするために

　これまで、プログラミングに関するたくさんの話をしてきました。

　すでにあなたにはプログラミングの基本が身についています。しかし、これから先、どうすればプログラミングのレベルを上げられるのでしょうか？

　本書の最後に、あなたがプログラマとしてステップアップするための4つのコツをご紹介します。

プログラミング言語をもっと知る

　本書で紹介したExcel VBAや、あらゆるプログラミング言語にはたくさんのルールや命令がありますが、細かいことを知らなくてもプログラミングができるプログラミング言語もあります。

　しかし、ルールや命令を知ることで、そのプログラミング言語の長所や短所が少しずつわかってきます。プログラミング言語の長所と短所がわかってくると、長所を生かしたプログラムがつくれるようになり、プログラミングのレベルもアップするのです。

プログラミングの作法を覚える

　第3章で触れましたが、プログラミングにはたくさんの表現方法があります。どのような書き方でもプログラムが動くことに変わりはありませんが、効率の良い書き方やわかりやすい書き方があり、これを「プログラミングの作法」と呼びます。

　たとえば、簡易電卓のプログラミングで、IF～Else命令文の入れ子構造を、

IF〜ElseIF命令文を使ってシンプルな表現に修正しました。あれも1つの作法です。プログラミングの作法はいろいろありますが、すべてを覚える必要はありません。しかし、作法にはプログラミングを理解、習得する上でのエッセンスがちりばめられています。ゆっくりでかまいませんので、プログラミングの作法を覚えていきましょう。

ほかの人の書いたソースコードを読む

　プログラミングの上達には、ほかの人の書いたソースコードを読むことも大切です。人の書いたソースコードを読むことで、その人がどのようなアルゴリズムをつくっているかがわかるようになります。その中には自分では考えられない発想のアルゴリズムや表現が含まれている場合もあります。それをフローチャートなどに書くことで、あなたの頭の中に新しいアルゴリズムが追加されていきます。

　また、ほかの人のソースコードを読むことで、自分の知らないプログラミング言語の命令や決まりごと、プログラミングの作法を知ることもできます。

　プログラミングの仕事でも、ほかの人が書いたソースコードを分析して、新しいプログラムをつくることがあります。このように、ほかの人が書いたソースコードが読めるようになると、あなたのプログラミングの実力は確実にアップします。

プログラミングをしよう！

　何よりプログラミングが上達する一番の方法は、とにかくたくさんのプログラムをつくることです。新しいプログラムをつくるのでもいいですし、すでにできあがったプログラムをメンテナンスしてもいいでしょう。ほかの人がつくったソースコードをまねて、まったく別のプログラムをつくるのもいいですね。

　プログラムをつくることで、プログラミング言語に対する理解が深まり、新しい命令や決まりごとを覚えていきます。

しかし、第1章や第2章でもお話ししましたが、プログラムはあくまでコンピュータにやらせたいことを実現させるためにあります。やみくもにプログラムをつくるのではなく、本書で紹介したプログラム作成の流れにしたがい順を追ってプログラムをつくるようにしましょう。

　最後にプログラム作成の流れをもう一度振り返ります。
　まず、コンピュータに何をやらせたいのかを考えるところから始めます。
　コンピュータにやらせることが決まったら、それをプログラム作成シートに書き出します。次にプログラムの外側から見た動きと、内側（フローチャート）から見た動きを考え、プログラム作成シートを完成させます。
　プログラム作成シートができたら、これをもとにプログラミングをします。
　まずプログラムを外側から見た動きのフォームからつくり、次にプログラムを内側から見た動きのアルゴリズムをプログラミングしていきます。
　プログラムができたらデバッグです。デバッグはプログラムの内観から行い、次にプログラムの外観を確認します。最後にコンピュータで実現したいプログラムになっているかを確認します。
　これらがすべてOKであれば、望みどおりのプログラムが完成です！

　さあ、ここから先はあなただけのプログラミングの世界が待っています。ぜひ、次のプログラミングにもチャレンジしてみてください。
　そして、プログラミングの基本に立ち返りたくなった時は、マイミやエニアがいるこの場所にいつでも戻ってきてください！

第5章 ▶ プログラミングとプログラマ

COLUMN 5　プログラミングはこれからどうなる？

　ここまででプログラミングの基本はすべてお話しました。
さて、では、これから先、プログラミングはどのようになっていくのでしょうか？

　この本を執筆している2016年現在、すでに中学校でプログラミングの授業が必修化されていますが、2020年には小学校でもプログラミングの授業の必須化が検討されています。つまり、これからの子どもたちはプログラミングを学ぶことが当たり前の世の中になってきます。その子どもたちが社会に出た時、社会はプログラミングありきの世の中になるかもしれません。その先にあるのは、プログラムをつくる人と利用する人の二極化ではないかと思います。

　自分の思い描くプログラムをつくれる人
　他人がつくったプログラムを使い続ける人

　プログラミングができる人とそうでない人のどちらが幸せかを論じるつもりはありません。しかし、プログラムがつくれる人、またはそちらに近い側に立つことができれば、私たちは自分の可能性をより広げることができるのではないかと思います。

　決して難しいプログラムをつくる必要はありません。簡単でも構いません。1つプログラムをつくることにチャレンジしてみてください。その1本のプログラムがあなたの未来を大きく変える一歩につながっていきます！

おわりに

　私がプログラマになりたいと思ったのは小学生の頃でした。
　パソコンにプログラミング言語を打ち込むとゲームが動き出し、魔法を使ったような驚きを覚えました。それから約10年後、私は念願のプログラマになりました。

　今でも私は自分のつくったプログラムが動くと感動します。その感動は小学生の頃とまったく変わりません。
　プログラミングは難解でわかりづらいイメージがあります。しかし、本当はもっと楽しく、ワクワクする魔法のようなモノだと私は思います。そういった想いを皆さんに知っていただきたくて本書を執筆いたしました。本書を通じて、プログラミングが楽しい！　ワクワクする！　と思ってくださる方がおられましたら私にとってこの上ない喜びです。

　本書ではプログラムをつくる際に「プログラム作成シート」を使いました。これは実際のシステム開発で使われる設計書や仕様書を簡易化して、プログラミングをはじめて学ぶ方にもわかりやすくしたものです。プログラム作成シートを使うことで、簡単ではありますが、実際に行われているシステム開発の流れでプログラミングを体験してもらえたと思います。
　本書は初心者向けの本ですが、システム開発におけるプログラミングの考え方も取り入れて説明しています。そのため、これからプログラマを目指したい方のお役にも立てるのではないかと思っています。

　最後になりますが、本書を執筆するにあたり、お礼を言わせていただきたい方々がおられます。
　今回のお話をご紹介いただき、また執筆全般に渡り多大なサポート、ご支援をいただきましたサイトウ企画の斎藤治生さん。いろいろと無理難題ばかり言ってしまい、申し訳ありませんでした。本当にありがとうございました！
　マンガパートを担当くださいました田中裕久さん、森脇かみんさん。おふ

たりによってマイミとエニアの物語がとても晴らしいものになりました。本当にありがとうございました！

　本書を執筆する機会を与えてくださり、優しく、ときには厳しい視点で全体をマネジメントしていただきました日本能率協会マネジメントセンターの久保田章子さん。最後の最後までご迷惑をおかけしてしまいましたが、あたたかく見守ってくださったおかげで本書が完成いたしました。語りつくせないほど感謝しております。本当にありがとうございました！

　そして、本書をお読みいただいたすべての皆様。本書をお読みいただき感謝申し上げます。本書が皆様のプログラミング習得の一助になることを心より願っております。本当にありがとうございました！

高橋雅明

索引

英数字

Android（アンドロイド）………… 93
Asc関数……………………………… 174
Caption ……………………………… 239
Chrome（クローム）………………… 95
CPU（中央処理装置）……………… 64
Excel（エクセル）…………………… 95
Fix関数……………………………… 238
Font ………………………………… 236
Format関数 ………………………… 237
HDD（ハードディスク）…………… 63
Hello World! ……………………… 101
IDE（統合開発環境）………… 104,134
IF命令文…………………………173,187
IMEMode …………………………… 171
Internet Explorer（インターネットエクスプローラー）……………… 95
iOS（アイオーエス）………………… 93
JITコンパイル……………………… 70
KeyAscii …………………………… 172
KeyPress …………………………… 172
Linux（リナックス）……………93,94
Long型 ……………………………… 185
macOS（マックオーエス）………… 93
MaxLength ………………………… 177
Mirosoft Office（マイクロソフトオフィス）
 ……………………………………… 95
MsgBox関数 ……………………… 220
OS ……………………………………… 93
Safari（サファリ）…………………… 95
Scratch（スクラッチ）……………… 33
SSD（ソリッドステートドライブ）… 63
String型 …………………………… 185
TabIndex …………………………… 240
TabStop …………………………… 240
TextAlign ………………………… 236
UNIX（ユニックス）……………93,94
Variant型 ………………………… 185
VBE（Visual Basic Editer）… 135,165
Windows（ウィンドウズ）………… 93
With命令文 ………………………… 179
Workbook_open …………………… 241

あ

アスキーコード ……………… 173,174
アプリ（アプリケーション）……32,61
アプリケーション製品 ……… 267,268
アルゴリズム ……………………… 108
イベント …………………………… 172
インタプリタ ……………………… 69
ウェブブラウザ（ブラウザ）……… 94
ウォーターフォール型開発……… 270
演算 ………………………………… 108
演算装置 …………………………… 64
オーバーフロー …………………… 217
オブジェクト ……………………… 179

か

関数 ………………………………… 174
記憶装置 …………………………… 63
機械語（マシン語）…………… 66,67
組込みソフトウェア …………… 268
繰り返し …………………………… 108
コードウィンドウ ……………… 165
コマンドボタン ………………… 191
コメント化 ……………………… 218
コンパイル ………………………… 69
コンピュータ ……………………… 58
コンピュータの5大装置 ………… 62
コンボボックス ………………… 178

さ

- サンデープログラマ……………273
- シート（Sheet）………………241
- システム……………………33,266
- システムアーキテクト……………271
- システムエンジニア………………271
- 四則演算…………………………58
- 四則演算のアルゴリズム…………109
- 四則演算のフローチャート
  ……………111,149,153,184,220
- 事務系総合職……………………272
- 主記憶装置………………………63
- 出力………………………………107
- 出力装置…………………………63
- 条件付き実行……………………108
- ステップ実行……………………199
- スマートデバイス…………………60
- 制御装置…………………………64
- 宣言………………………………185
- ソースコード……………………103
- ソフトウェア………………………61
- ソリッドステートドライブ(SSD)…63

た

- 中央処理装置（CPU）……………64
- データ型…………………………185
- テキストボックス……………170,175
- デバッグ…………………………198
- 電子レンジのアルゴリズム…112,113
- トリガー…………………………172

な

- 入力………………………………107
- 入力装置…………………………62

は

- バージョンアップ…………………230
- ハードディスク（HDD）……………63
- バグ………………………………198
- ファイル（Book）…………………241
- フィールド………………………137
- フェイズ…………………………270
- ブラウザ（ウェブブラウザ）……94,95
- ブレークポイント…………………199
- フローチャート…………………110
- プログラマ…………………270,271
- プログラミング……………32,64,270
- プログラミング言語………68,98,134
- プログラム…………………………61
- プログラム作成シート……… 129,130
- プログラムの外観……………136,233
- プログラムの内観……………146,234
- プロジェクトエクスプローラ……165
- プロパティ………………………165
- プロパティウィンドウ……………165
- 変数…………………………172,185
- 補助記憶装置……………………63
- 翻訳………………………………68

ま

- マシン語（機械語）………………66,67
- メモリ……………………………63
- メンテナンス……………………230

や・ら

- 要件定義…………………………270
- ローカルウィンドウ………………200

●著者紹介

高橋雅明（たかはし まさあき）

キャリア創造塾代表。プログラマ、システムエンジニア、プロジェクトマネージャ等を担当し、ITエンジニアとしてソフトウェア開発業務に15年従事した後、キャリアコンサルタントに転身する。

「働く」をキーワードに、喜びや生きがいに繋がるキャリアを創り出す「キャリア創造塾」を立ち上げ、学生、在職者、求職者を問わずにキャリアづくりを支援する活動を展開。のべ1,000人以上のキャリア相談を実施し、ほぼ100%の満足度の実績を持つ。
キャリアコンサルティングの豊富な経験にもとづいたキャリア形成、人材育成、ITエンジニアに関するセミナー研修や講演は、実践向けで即効性が高く、受講者のモチベーションアップはもちろん、気づきを与え行動変容を促すと好評を博している。

これらのセミナー研修、講演などを行う傍ら、キャリアに関する啓蒙活動の一環としてITエンジニア向け情報サイトITMedia『エンジニアライフ』でコラムニストとしても活動中。

著書に『ひとりでできる！ITエンジニアのキャリアデザイン術～望みをかなえる「壁」の越え方』（技術評論社）。主な資格に、2級キャリアコンサルティング技能士、キャリアコンサルタント、米国PMI認定Project Management Professional（PMP）など。

編集協力／斎藤治生、いるかM.B.A
シナリオ制作／田中裕久
作画・カバーイラスト／森脇かみん

マンガでやさしくわかるプログラミングの基本

2016年11月10日　初版第1刷発行
2017年6月15日　　　　第2刷発行

著　　者——高橋　雅明
　　　　　©2016 Masaaki Takahashi
発 行 者——長谷川　隆
発 行 所——日本能率協会マネジメントセンター
〒103-6009　東京都中央区日本橋 2-7-1 東京日本橋タワー
TEL　03(6362)4339(編集)　／03(6362)4558(販売)
FAX　03(3272)8128(編集)　／03(3272)8127(販売)
http://www.jmam.co.jp/

装　　丁——ホリウチミホ（ニクスインク）
本文デザインDTP——株式会社明昌堂（荒木優花）
印刷所——広研印刷株式会社
製本所——株式会社宮本製本所

本書の内容の一部または全部を無断で複写複製（コピー）することは、法律で認められた場合を除き、著作者および出版者の権利の侵害となりますので、あらかじめ小社あて許諾を求めてください。

ISBN 978-4-8207-5938-6　C3055
落丁・乱丁はおとりかえします。
PRINTED IN JAPAN

JMAMの本

J検情報活用3級完全対策公式テキスト

一般財団法人　職業教育・キャリア教育財団 監修
B5判160頁

J検は、文部科学省後援「情報検定」の略称で、情報リテラシー教育の中核を担っています。本書はJ検情報活用3級の試験範囲を網羅した公式テキストです。見開き展開の「講義」→「確認問題」→「過去問題」の3ステップで構成。知識習得と問題演習があわせてできる1冊です。

外資系コンサルが実践する資料作成の基本

吉澤準特 著
A5判　280頁

資料作成のプロでもある外資系コンサルタントが日々実践している、完成度の高い資料を作成するための王道のスキル、テクニックを網羅的に70項目にまとめた1冊。「あたりまえ」だけどなかなか実践できない大切な基本スキルやテクニックを、図解を交えてわかりやすく説明します。